小动物输血疗法

Practical Transfusion Medicine for the
Small Animal Practitioner

著 [美] Bernard F. Feldman
　　[美] Carolyn A. Sink
主译　夏兆飞　陈艳云

中国农业科学技术出版社

The original English language work has been published by Teton NewMedia, Jackson. Wyoming. USA

Copyright © 2006 Teton NewMedia. All rights reserved.

著作权合同登记号：图字 01-2016-6395

图书在版编目（CIP）数据

小动物输血疗法 /（美）伯纳德·费尔德曼（Bernard F. Feldman），（美）卡洛琳·辛克（Carolyn A. Sink）著；夏兆飞，陈艳云主译 —北京：中国农业科学技术出版社，2017.8

ISBN 978-7-5116-3027-8

Ⅰ.①小… Ⅱ.①伯… ②卡… ③夏… ④陈… Ⅲ.①动物疾病–输血 Ⅳ.① S854.5

中国版本图书馆 CIP 数据核字（2017）第 068902 号

责任编辑　徐　毅　张志花
责任校对　李向荣

出 版 者	中国农业科学技术出版社 北京市中关村南大街 12 号　邮编：100081
电　　话	（010）82106636（编辑室）　（010）82109702（发行部） （010）82109709（读者服务部）
传　　真	（010）82106631
网　　址	http://www.casip.cn
经 销 者	各地新华书店
印 刷 者	北京卡乐富印刷有限公司
开　　本	720mm×960mm　1/16
印　　张	7
字　　数	110 千字
版　　次	2017 年 8 月第 1 版　2017 年 8 月第 1 次印刷
定　　价	85.00 元

◆━━ 版权所有·翻印必究 ━━◆

译者名单

主　　译：夏兆飞　陈艳云

副 主 译：林嘉宝　施　尧

译者名单：马超贤　袁春燕　杨紫嫣　施　尧
　　　　　林嘉宝　陈艳云　夏兆飞

译者简介

夏兆飞

中国农业大学动物医学院临床系教授、博士生导师。长期在中国农业大学动物医学院从事教学、科研和兽医临床工作。

现任中国农业大学动物医学院临床兽医系系主任、教学动物医院院长，《中国兽医杂志》副主编，亚洲兽医内科协会副会长，中国饲料工业协会宠物食品专业委员会副主任委员，北京小动物诊疗行业协会理事长等职务。

主持国内、国际科研项目10余项，发表论文100多篇，主编或主译教材和著作10余部。主讲《兽医临床诊断学》《兽医临床病例分析》《小动物临床营养学》和《动物医院管理》等课程。

数十次到美国、加拿大、法国、日本等国学习交流、考察参观，熟悉国内外的小动物临床发展现状及宠物食品生产现状。

主要兴趣领域有小动物实验室诊断技术、小动物临床治疗技术、小动物临床营养和动物医院经营管理等。

译者简介

陈艳云

博士，执业兽医师，师从夏兆飞教授，主要兴趣为兽医临床实验室诊断和小动物肿瘤学。

2014-2016年出任中国农业大学动物医院检验科主管，组织中国农业动物医院实验室检查培训班10余次，并担任主讲教师；现任北京市小动物诊疗行业协会继续教育讲师。

曾主持和参加多项科研项目，在国内外核心期刊上发表文章20余篇。主译和参译《兽医临床病例分析》《小动物肿瘤学》《兽医临床尿液分析》《小动物内科学》和《兽医助理输液疗法指南》等多部书籍，参编《兽医临床病理学》和《兽医临床诊断学》等多部教材。

数次到新加坡、韩国等国家学习交流、考察参观，熟悉国内外小动物临床实验室诊断技术和小动物肿瘤学的发展现状。

中文版序言

输血疗法是兽医治疗学中的一项关键技术，在某些危重病例中起着至关重要的作用。1950 年第 87 届美国兽医协会年会上，输血疗法首次受到专业兽医的关注。随着兽医治疗学的发展，输血疗法逐渐在北美发展起来，先后在美国东海岸、西海岸的重要城市建立了动物血库中心，宾夕法尼亚大学和加州大学戴维斯分校的血库中心也成了全球兽医的重要培训基地。目前国内还没有专门的动物血库中心，而输血疗法还停留在新鲜全血的水平，不但不能迅速有效地解决实际问题，还额外增加了很多成本，严重阻碍了小动物临床诊疗技术的发展。因此，输血疗法专著的翻译和推广，也算是对小动物行业发展的一种推动。

本书从血库建立出发，分别介绍了供血动物的招募和选择、血样采集、成分血制备技术、血液制品的储存和运输、交叉配血和输血流程、输血的注意事项、输血反应及应对措施等，对一线兽医的工作有着重要的指导作用。

本书言简意赅、通俗易懂，不但向临床兽医全面系统地介绍了小动物输血疗法，还强调了实验室管理和质量控制，力求准确实用、科学规范。

在本书的翻译过程中，我们力求精准地表达原著的意思，但是，由于本书内容专业而广泛，涉及的知识面很多，难免有瑕疵之处。如读者发现，恳请反馈给译者或出版社，以便日后改进。

夏兆飞　陈艳云
2017 年 4 月于中国农业大学

致　谢

　　没有任何一本知识技术性专著是完全原创的，我要向每个指引过我、帮助过我的人致谢，感谢他们帮我领悟到在临床工作中什么才是最重要的。

　　尤其感谢 Donna Burton 和 Dr. William Swecker, Jr.。

Carolyn Sink

献　词

谨以此书纪念 Dr. Bernard F. Feldman。

Carolyn Sink

Donna Burton

序 言

1950年第87届美国兽医协会年会上,输血疗法受到专业兽医的首次关注。从此以后,人类输血医学的进步带领着兽医输血医学前行。输血疗法的其中一个好处是实现了成分血疗法。塑料采血袋和高速离心机的发明实现了对单位血的成分抽提。将全血制备为成分血是一项相当简单的技术,本书将重点强调动物血库技术的基本原则。为了给患病动物提供精准而完善的医疗服务,本书对一些关键流程做了详细介绍。

Bernard Feldman

Carolyn Sink

本书中重要名词简介

单位血：多数商品采血袋的最大采血量为450mL+45mL，这些血袋含有63mL的抗凝保护剂，最终血量与抗凝剂的比例大约为9∶1。按这个比例采集血液所制备的血液制品，均可称作单位血，包括单位全血、单位血小板等。但如果450mL的采血袋仅收集到300~400mL血液，这种血样不能用于成分分离，只能以全血的形式保存。

DEA：Dog Erythrocyte Antigen，犬红细胞表面抗原。

新鲜冷冻血浆（fresh frozen plasma，FFP）：由新鲜全血制备而来，包含所有凝血因子。FFP可作为血浆蛋白的来源，同时可以扩充血容量。

富血小板血浆（Platelet Rich Plasma，PRP）：对保存在22~25℃的新鲜全血进行差速离心，去除多余的血浆后可制备出富血小板血浆（PRP）。从静脉采血之日算起，其活性至少能保持5天。

抗血友病因子冷沉淀（Cryoprecipated Antihemophilic Factor，AHF）：AHF又称为冷沉淀，是一种富含von Willebrand因子、凝血因子Ⅷ、纤维蛋白原因子ⅩⅢ和纤连蛋白的血浆衍生物。可用于治疗血管性假性血友病（von Willebrand氏病）、血友病A、低纤维蛋白原血症、弥散性血管内凝血和败血症。

去冷沉淀血浆（Cryo-poor Plasma）：又称为冷上清，是制备冷沉淀剩余的血浆成分，含有很少量的纤维蛋白原、纤连蛋白、凝血因子Ⅺ、ⅩⅢ、Ⅷ和von Willebrand因子，但不含因子Ⅴ。

简 介

本书旨在向广大兽医提供一份通俗易读的参考书,我们希望这本书能放在实验室检查台上,触手可及,以便随时查阅。

帮助提示

文中时常会出现以下标志,以提示相关内容的重要性:

☑ 一般常规内容的归纳总结。我们已经尽力缩小了重要内容的范围。

▼ 重要,需要记住。

☣ 非常重要,不可忽视。

目 录

第 1 章 建立以社区为中心的血库

动物主人的招募 ··· 003
动物主人和供血动物的要 ·· 004
血液采集、处理和储存的基本设施 ··· 009

第 2 章 血液的采集、处理、储存和运输

抗凝剂和保护剂 ··· 016
血液采集系统 ·· 018
血液制品概述 ·· 021
血液采集系统和预处理原则 ··· 026
新鲜全血的制备 ··· 029
浓缩红细胞和新鲜冷冻血浆的制备 ··· 029
抗血友病因子冷沉淀和去冷沉淀血浆的制备 ································· 035
富血小板血浆的制备 ·· 037
采血量不足及减少抗凝保护剂 ·· 039
从外界购买血液制品 ·· 040
血液制品的装运准备 ·· 042

第 3 章 输血疗法的相关工作

交叉配血 ··· 046
输血指南 ··· 047
血液替代品：血液和血液制品之外的选择 ····································· 051
可配伍的溶液 ·· 053

输血器·····054

输血的不良反应·····055

第 4 章 生物安全

实验室安全·····064

质量保证·····065

档案·····067

库存管理·····069

第 5 章 输血流程

交叉配血·····074

细胞悬浮液的清洗·····078

反应分级·····079

生理盐水稀释试验·····082

全血、红细胞的复温，新鲜冷冻血浆、冷沉淀及去冷沉淀血浆的解冻·····084

离心机校准·····086

附录 1 采血袋生产商·····**091**

附录 2 兽医血库组织·····**092**

索引·····**093**

第 1 章
建立以社区为中心的血库

主要内容

- 动物主人的招募
- 动物主人和供血动物的要求
- 血液采集、处理和储存的基本设施

动物主人的招募

- ✓ 很多方法都可以用于招募动物主人，使他们的宠物加入供血项目，包括：
  - 在兽医门诊大厅张贴布告。
  - 报纸广告。
  - 在当地人医血液中心做广告。
  - 向客户提及医院的供血需求。
  - 在犬舍做宣传广告。
  - 招募警犬。
- ✓ 对于愿意将其宠物作为供血动物的主人，需要提供一定的奖励，包括：
  - 疫苗免费或打折。
  - 驱跳蚤药免费或打折。
  - 犬心丝虫药物免费或打折。
  - 住院收费提供货币信贷服务。
  - 每次供血时提供免费或打折的宠物用品或食物。
  - 向主人和供血动物赠送一些印有医院标志的礼物，例如T恤、印有供血活动标志的牵引带或颈圈等，既能达到一定的广告效果，也是对供血项目的一种激励。
- ✓ 将供血犬的照片张贴在门诊大厅，让其他动物主人了解到目前在该项目中的供血犬，这样也可起到一定的广告作用。
- ✓ 与宠物主人的有效沟通是血液捐献项目成败的关键。尤其要让主人清楚了解该项目对宠物主人和宠物的具体期望值。
- ✓ 可以通过书面协议或印有"常见问题"的小册子向宠物主人提供以下信息：
  - 常规采血日期及具体时间。
  - 需要捐献的血液总量。
  - 供血频率。
  - 供血犬每年期望供血次数。
  - 该供血犬是否能够提供紧急输血服务。

- 必须告知宠物主人其宠物的颈部会有一小块区域需要剃毛，用于静脉采血。
- ☑ 要明确列出各项收费清单，分清哪一部分用于支付采血装置，哪一部分由客户承担。如果供血犬体格检查发现异常，或静脉穿刺后出现并发症，需要进一步检查，这部分费用由客户承担。

动物主人和供血动物的要求

供血动物主人的要求

☑ 选择对供血项目感兴趣、理解供血能够拯救其生命的宠物主人。责任心强的主人能更好地配合监控供血动物的健康状况，确保供血动物和供血不出现问题。

供血动物的要求

☑ 理想的供血动物应该在整个采血过程中对每个人都十分配合，而后备供血动物则要求不咬人，既不抗拒保定，也不抗拒静脉穿刺。供血动物必须健康且体况良好。

体格要求

供血犬的要求

- ☑ 供血犬体重至少达到50磅（1磅≈0.45kg，全书同）。达到这个标准才能使用人用采血袋（容量450mL）。每21~28天采一次血，每次最大采血量为22mL/kg（体重）；但事实上，如果每3~4个月献一次血，动物主人会更加配合。
- ☑ 为了更加便捷地采血，供血犬的颈静脉应非常易于穿刺，这就要求其颈部皮褶尽可能少，或者皮肤较薄。
- ☑ 供血犬可以是公犬或绝育后的未经产母犬。

- ☑ 供血犬必须无任何输血史。
  - ☞ 严格遵守以上两条规定可排除供血犬接受过外源血液，避免血液中含有潜在抗体，干扰血液配型检查结果。
- ☑ 供血犬的年龄应在 1~8 岁。
- ☑ 近期进行过免疫，并进行过心丝虫的预防工作。
- ☑ 所有凝血因子的水平都必须在正常范围之内，包括血管假性血友病因子（Von Willebrand 因子）。

供血猫的要求

- ☑ 供血猫的体重必须达到 10 磅。每 4 周的最大供血量为 15mL/kg（体重）；但事实上，如果每 3~4 个月献一次血，动物主人会更加配合。
- ☑ 虽然大多数猫都很容易进行颈静脉采血，但还是应选择那些更易保定的猫作为供血动物。
- ☑ 最理想颈静脉应该很容易被触摸到。对于颈部和躯体较长的猫来说，由于它们的颈静脉部位平滑，更易进行颈静脉采血。
- ☑ 供血猫可以是公猫或绝育后的未经产母猫。
- ☑ 供血猫必须无任何输血史。
- ☑ 严格遵守以上两条规定可以排除供血猫接受过外源血液，避免血液中含有潜在抗体，干扰血液配型检查结果。
- ☑ 供血猫的年龄必须在 1~8 岁。
- ☑ 为了尽可能避免各种猫传染病，供血动物最好为严格的室内猫，并且从未跟室外猫接触过。
- ☑ 所有凝血因子都必须在参考范围之内。

实验室评估

- ☑ 除了以上列举的体格特征之外，为了保证供血动物的健康和血液的安全，必须进行实验室评估。

☑ 供血犬必须进行全面的血液学和生化检查。建议进行布氏杆菌病、莱姆病、落基山斑疹热、心丝虫以及埃利希体的筛查。还要进行其他一些能了解供血动物体况的实验室检查，包括对当地流行病的检查。

☑ 供血猫必须进行全面的血液学和生化检查。建议进行猫白血病病毒、猫免疫缺陷病毒、心丝虫以及血巴尔通体病的筛查。和犬相同，还要进行其他一些能了解供血动物体况的实验室检查，包括对当地流行病的检查。

◢ 还要考虑供血动物的血型。下文将简要介绍供血动物的血型选择。

犬

☑ 表1-1列举了犬的11种血型。通常情况下，供血犬不止拥有一种血型。在考虑输血时，犬红细胞抗原（Dog Erythrocyte Antigen，下文简称DEA）1.1、1.2和7是最重要的。DEA1.1和1.2具有很高的抗原性，若犬经其致敏之后再次输入DEA1.1和1.2的血液便会引发溶血性输血反应。如果输入一份任意血型的血液，有25%的可能性是向DEA1.1或1.2阴性犬输入1.1和1.2阳性血液。如果之后再次输入同样血型的血，至少会有15%的受血犬会出现主要的输血反应。DEA7对DEA7阴性犬有一定的抗原性。当给已致敏的DEA7阴性犬输入DEA7阳性血液时，会造成轻度到中度输血反应，并使红细胞存活时间降低。DEA1.1、1.2以及7均为阴性的犬被认为是万能供血犬。

☑ 在供血项目中，选择供血动物时了解血型的意义十分重要。必须考虑供血项目的总体目标。如果大多数受血动物终身只接受一次输血，则犬的所有血型都是合适的；但如果大多数受血动物都需要多次输血，仅有万能供血动物能列入计划当中，只有这样才能尽量避免产生不必要的抗体。

表 1-1 犬血型分布

系统	DEA	概率	附注
A	1.1	45%（美国）	• 对 A 抗原产生同种免疫抗血清的血样会与 A 系统中任一种血型产生交叉反应 • 如果一只 DEA1.1、1.2、1.3 阴性犬被 DEA1.3 阳性细胞致敏，抗血清对 DEA1.1 和 1.2 阳性细胞有强凝集作用，并能导致溶血，但对 1.3 阳性细胞反应则较弱
A	1.2	20%（美国）	
A	1.3	无统计（美国）	
A	Null		
B	3	6%（美国）	• 自然情况下在美国有 20% 的 DEA3 阴性犬会出现抗 DEA3 反应 • 对致敏犬输入 DEA3 阳性红细胞，会在 5 天之内失去输入的红细胞，并出现严重的急性输血反应
B	Null		
C	4	98%（美国）	• 尚无天然抗 DEA4 的报道 • DEA4 阴性犬输入 DEA4 阳性红细胞后会被致敏并产生抗体，但不会出现红细胞丢失或溶血
C	Null		
5	5		• 在美国，自然情况下有约 10% DEA5 阴性犬会出现抗 DEA5 抗体 • 对致敏犬输入 DEA5 阳性红细胞，3 天之内会失去输入的红细胞
5	Null		
6	6	≈100%（美国）	• 尚无天然抗 DEA6 的报道 • 不存在分型血清
6	Null		
Tr	7（Tr）	40%~54%	• 20%~50% DEA7 阴性犬带有天然抗 DEA7 的抗体 • 将这种血液输给致敏犬，将在 3 天之内失去输入的红细胞 • Tr 抗体不是红细胞膜抗体，它是在血浆中产生并分泌的抗体，被红细胞吸收
Tr	0		
Tr	Null		
8	8	40%~45%	• 不存在分型血清

A 系统的其他信息：

- 抗 DEA1.1 抗体不管是体内还是体外都是强溶血素
- 天然的抗 DEA1.1 和 1.2 抗体尚未有报道，不会出现首次输血反应
- 一旦致敏，抗 DEA1.1 和 1.2 抗体都会引起严重的急性输血反应，输入的红细胞会在 12h 内被清除
- 对 DEA1.1 阳性受血动物输入抗 DEA1.1 血浆会引起溶血性输血反应
- 当 DEA1.2 阳性受血动物暴露于 DEA1.1 阳性红细胞时，会产生大量抗 DEA1.1 抗体

摘自（已做适当修订）：Feldman BF, Zinkl JG, Jain NC. Schalm's Veterinary Hematology, 5th Ed. Philadelphia: Lippincott Williams and Wilkins, 2000.

猫

☑ 猫的3种血型见表1-2。它们分别是A、B和AB。A型是最常见的血型，B型其次，而AB型十分罕见。猫血型分布也随地理位置不同而变化，纯种猫A型和B型血的出现概率也不同。需要指出的是，猫即使无怀孕或输血的致敏史，也可能出现首次输血反应。不同于犬，猫能产生天然抗A或抗B的抗体，造成输血反应和新生儿溶血。约70%的B型血猫存在天然抗A抗体，当这种猫的血液输入A型猫体内时，会导致红细胞存活时间缩短和急性溶血。35%的A型血的猫会产生天然抗B抗体；但是抗B抗体的滴度通常都很低，不至于引起明显的输血反应。AB型血的猫不会在自然状况下产生同种抗体。

☑ 为供血项目选择供血猫时，血型是至关重要的因素。需要对受血群体的血型进行检测，然后根据检测结果选择合适的供血猫。

表1-2 猫血型分布

血型	美国地理分布				
	东南部	西南部	中北部	东北部	西海岸
A型	98.5%	97.5	99.4%	99.7%	94.8%
B型	1.5%	2.5%	0.4%	0.3%	4.7%
AB型	0	0	0.2%	0.0%	0.5

摘自（已做适当修订）：Feldman BF, Zinkl JG, Jain NC. Schalm's Veterinary Hematology, 5th Ed. Philadelphia: Lippincott Williams and Wilkins, 2000.

供血动物的选择

☑ 需要在一个单独的办公室里评估供血动物是否符合以上标准，该办公室必须与采血区分开。这样可以保证兽医有足够的时间对动物进行临床检查和实验室检查，并根据供血项目的总体目标评估其是否能入选供血项目中。一旦某动物被列入供血项目，以上程序必须每年进行一次，以维持供血动物和血液的完整性，但其血型不需要每年检测。

供血动物的追踪

☑ 一旦供血动物入选供血项目，可以创建一个数据库，用简易表格单独统计其信息。数据库中应包括供血动物的主人姓名、工作以及家庭电话、供血动物的病例号码及上次采血日期等各项信息。这样能监控供血动物的免疫情况、上次年度体检及上次采血日期。对于安排静脉采血日程有很大意义。

安排静脉采血日程

☑ 与动物主人进行有效沟通有利于采血时间的安排。固定采血日期和时间（例如：每8周的周一早上8点），对动物主人的实际执行更为方便。如果实际采血时间比计划时间提前一周以上，需要发送短信提醒。

☑ 根据献血计划与动物主人联系时，应询问供血犬上次就诊或采血后的健康状况。可在采血前填写相关调查表，内容需包括任何与近期体况变化有关的问题，如最近有无体重下降、呕吐、腹泻或行为改变。该调查表需要在与动物主人安排采血时一起完成，但这并不代表采血前的临床检查可以省略。

血液采集、处理和储存的基本设施

采血袋

☑ 犬采血时，可使用人用采血袋和血液储存袋。可从附录1提供的生产商处购买。

☑ 猫采血时，可使用附录1中所列的专门的采血袋和血液储存袋（人用采血袋和血液储存袋不能用于猫）。另外，若新采集的全血需紧急输给患病动物，需用抗凝注射器；使用这种方法采集血液时，血液的处理和储存都将受到限制。

犬血的采集

- ☑ 连有抽真空机器的真空袋（图1-1）能促使血液流入血采集袋。
- ☑ 医用压管钳（Fenwal）用于将采血袋导管中的血液转移到血袋中（图1-2）。
- ☑ 手动封口器（Fenwal）通常和金属夹联合使用，可对采血袋上的导管进行封口。Teromus手动封口器和铝质封口夹也能起到同样的作用（图1-3）。这两个厂家都生产电热封口机（图1-4）。

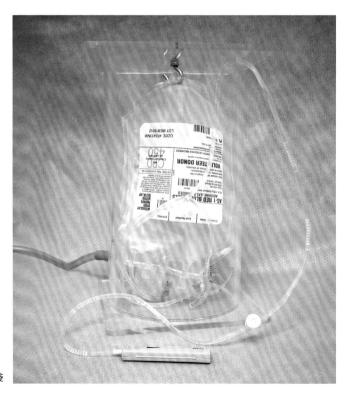

图1-1 真空袋

建设以社区为中心的血库 **1**

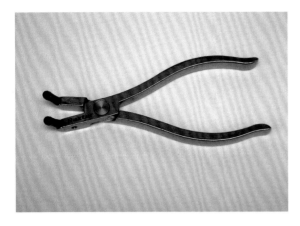

图 1-2 医用压管钳（照片经 Baxter Healthcare 公司授权）

图 1-3 手动封口器（照片经 Baxter Healthcare 公司授权）

图 1-4 Hematron 封口机（照片经 Baxter Healthcare 公司授权）

全血的分离

☑ 如果需要将全血分离为红细胞和新鲜冷冻血浆，需要冷冻离心机。温度必须在 1~6℃。离心机转子和离心杯必须能最大程度的分离血浆。

☑ 血浆分离器（Fenwal，Terumo）用于血浆和红细胞的分离（图 1-5）。

☑ 血液制品需要称重，因此，天平也是很有必要的（图 1-6）。

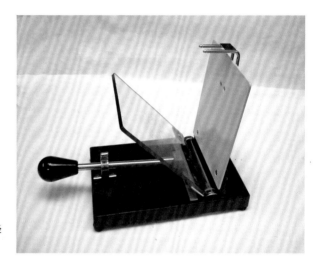

图 1-5 血浆分离器（照片经 Baxter Healthcare 公司授权）

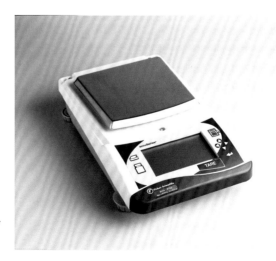

图 1-6 天平（照片经 Fisher Scientific 公司授权）

血液储存

- ☑ 红细胞制品的保存需要冰箱。温度应控制在 1~6℃，应具备温度监控措施。
- ☑ 保存冷冻血浆需要冷冻箱。该血浆必须保存在 –18℃ 或更低温度下。最好使用血浆专用冷冻箱。可通过人工或自动化管理系统对温度进行实时监控，确保血浆在适宜的温度范围内。
- 不要使用具有循环除霜功能的冷冻箱，避免血液制品过热而导致意外降解。

第 2 章
血液的采集、处理、储存和运输

主要内容

- 抗凝剂和保护剂
- 血液采集系统
- 血液制品概述
- 血液采集系统和预处理原则
- 新鲜全血的制备
- 浓缩红细胞和新鲜冷冻血浆的制备
- 抗血友病因子冷沉淀和去冷沉淀血浆的制备
- 富血小板血浆的制备
- 采血量不足及减少抗凝保护剂
- 从外界购买血液制品
- 血液制品的装运准备

抗凝剂和保护剂

☑ 依据不同血液制品选择合适的抗凝保护剂和采血用品，采血前需要考虑以下问题：

需要什么血液制品？

该血液制品是否可用于直接输血？

是否需要制备成分血？

血液制品是否需要储存？

抗凝剂和保护剂

☑ 抗凝剂能防止血液凝固，使单位血处于液体流动状态。但是抗凝剂不能保证血液成分维持其自身的完整性，需要添加合适的保护剂，才能给受血动物带来最大效益。现代血液采集系统中都含有液态抗凝剂和保护剂。抗凝剂采用的是枸橼酸盐；保护剂采用的是磷酸盐葡萄糖溶液。这些溶液能有效保护红细胞，并通过维持 pH 和促进三磷酸腺苷（triphosphate，ATP）的产生以维持红细胞的活力，从而防止血液制品变质。枸橼酸磷酸葡萄糖（CPD）以及枸橼酸磷酸二聚糖（CP2D）都含有磷酸盐和右旋糖。枸橼酸磷酸葡萄糖腺嘌呤（CPDA1）还另外添加了腺嘌呤以延长红细胞的存活时间（表 2–1）。

☑ 可使用抗凝剂和保护剂的混合物保存血液制品，这种方法安全稳定：红细胞需要保存在 1~6℃，血浆制品需要保存在 –18℃或以下，血小板需要保存在 22~25℃。

☑ 抗凝保护剂不能抑制微生物生长。冷藏有助于抑制红细胞和血浆制品中微生物的生长。

表 2-1　抗凝剂 – 保护剂 / 添加剂的存放期

抗凝剂	成分	红细胞存放期（于 1~6℃）
肝素	肝素	24h
抗凝剂 – 保护剂	**成分**	**红细胞存放期（于 1~6℃）**
ACD	抗凝枸橼酸葡萄糖	21 天
CPD	枸橼酸磷酸葡萄糖	21 天
CP2D	枸橼酸磷酸二聚糖	21 天
CPDA-1	枸橼酸磷酸葡萄糖糖腺嘌呤	35 天
添加剂	**成分**	**红细胞存放期（于 1~6℃）**
AS-1（Adsol®）	葡萄糖、腺嘌呤、甘露醇、氯化钠	42 天
AS-3 (Nutricel®)	葡萄糖、腺嘌呤、磷酸二氢钠、氯化钠、枸橼酸钠、枸橼酸	42 天
AS-5 (Optisol®)	葡萄糖、腺嘌呤、甘露醇、氯化钠	42 天

添加剂

☑　添加剂与保护剂一样，是一类用于延长红细胞寿命的化学物质的统称。目前有 3 款商品：Adsol®（AS-1, Fenwal）、Nutricel®（AS-3, Haemonetics）以及 Optisol®（AS-5, Terumo）。不同生产商的添加剂成分各异，但都含有葡萄糖、腺嘌呤以及氯化钠，其他成分可能包括磷酸钠、甘露醇、枸橼酸钠以及枸橼酸。

☑　添加剂不同于抗凝保护剂，需额外**加入**。其作用在于延长红细胞的存活时间，比单独使用抗凝保护剂的效果更好。如果使用添加剂，单位红细胞中可最大程度地去除血浆。因为添加剂是直接加入红细胞中的，使得单位体积的红细胞比容降低，制备出的单位血黏稠度降低，更适于输血。添加剂必须在采血后 72h 之内加入红细胞中。

存放时间

- ✓ 谨记每单位血液都是一个生物体系，有一定的生命周期。储存或"库存"的血液制品都有特定的"保质期"。一般情况下，保质期长短由血液成分的功能所决定。
- ▽ 保质期是血液制品所能储存的最长时间。
- ✓ 储存时间的长短同时受到采血设备是"密封式"还是"开放式"的影响。
  - ✓ 密封式系统在采集、处理和储存过程中内容物均应与外界空气和环境隔绝。
    - ✓ 密封式系统含有完整相连的针头和配套的采血袋。生产商已经在系统中放置抗凝保护剂以及添加剂，这些系统都已经商品化。使用封闭系统可以使血液存放更长时间，延长时间取决于加入的抗凝保护添加剂的类型。
  - ✓ 开放式系统，其内容物在采集、处理或储存过程中在某种程度上是暴露于外界环境的。使用开放系统采集的血液必须遵循以下要求：如果储存温度在 22~25℃，必须在采血后 4h 之内使用；如果储存温度为 1~6℃，必须在采血后 24h 内使用。开放式系统包括没有连接采集针或卫星采血袋的注射器、袋子或者瓶子。

血液采集系统

犬血液采集系统

开放系统

- ✓ 如上文所述，采血时采用开放系统，血液就会在采集、处理和储存过程中一定程度上暴露于空气和外界物质当中。这就要求如果其储存在室温 22~25℃ 的环境中，必须在采血后 4h 内使用，或者如果储存在 1~6℃，则必须在采血后 24h 内使用。虽然很多抗凝剂都可用于开放系统，但是有些抗凝剂更适合这种采集和输血方法。肝素和枸橼酸钠是开放式系统中常用的两种抗凝剂。

☑ 肝素通过提高抗凝血酶Ⅲ的作用，使凝血酶失活，从而抑制纤维蛋白原转化为纤维蛋白来实现抗凝作用。肝素同时能使血小板失活，故采集的血液不能用于治疗凝血异常。肝素不能为红细胞提供营养，因此，并不能增加红细胞的存活时间。

☑ 枸橼酸钠通过螯合钙离子来发挥抗凝作用。但由于其 pH 的问题，不能单独用于输血。枸橼酸盐与其他化学物质结合后，毒性较低，并且容易代谢，适合用于采血和输血。玻璃瓶装的枸橼酸右旋糖（抗凝剂 - 枸橼酸盐右旋糖，ACD）在兽医临床中已长期使用。因为玻璃瓶是一个开放系统，血液必须在采集后 24h 内使用。

☒ 玻璃会使血小板、凝血因子Ⅶ和Ⅷ失活。采用其他血液采集系统效果会更好，也可得到更好的血液制品。

封闭系统

☑ 用封闭系统采集血液，血液在采集、处理或储存过程中都没有机会接触到空气和外界物质。封闭系统有完整相连的针头和袋子。在人医临床血液采集系统中（用于犬的），生厂商都加入了抗凝保护剂和添加剂（附录 1）。猫的血液采集系统中需要加入抗凝剂（附录 1）。

☑ 抗凝保护剂包括 ACD、CPD、CPDA-1 以及 CP2D。CPD 和 CPAD-1 是封闭系统中最常采用的抗凝保护剂。

☑ ACD、CPD 或 CP2D 加入封闭系统后，可使红细胞在 1~6℃ 条件下的存放时间延长到 21 天，CPDA-1 能使 1~6℃ 条件下的红细胞存放时间延长到 35 天。

- 谨记，商品血袋都在有效期内保存，而且该有效期独立于采集的血液制品之外。在有效期内能保证抗凝保护性和袋子本身的无菌性。

添加剂

- Adsol® (AS-1，Fenwal)、Nutricel® (AS-3，Haemonetics) 及 Optisol® (AS-5，Terumo) 为 3 种商品化添加剂。这些添加剂使得 1~6℃条件下的红细胞保质期延长到 42 天。

猫血液采集系统

开放系统

- 从供血猫体内能获取的血液量远远少于同等体况的犬。猫的常规供血量为 50mL，因此，猫采血常用 60mL 的注射器。注射器采血系统为开放式系统，储存在 1~6℃的血液必须在采血后 24h 之内使用。
- 抗凝剂选择枸橼酸-磷酸-右旋糖-腺嘌呤。对于任何一种枸橼酸盐抗凝剂，采血量都有严格的要求。采血量太少会导致游离枸橼酸盐过多，多余的枸橼酸盐对患病动物体内的钙离子具有极强的螯合作用，大量钙离子被枸橼酸盐螯合，常常会诱发迟发性低钙血症。CPDA 抗凝剂能维持红细胞的活力，并能保持血浆蛋白的功能，相对其他常用抗凝剂有明显的优势。这种抗凝剂可通过多种途径从商业兽医血库购买。

封闭系统

- 犬采血系统抗凝剂的含量较高，最佳采血量为 450mL，因此，并不适用于猫。虽然抗凝剂的量可以根据采血量适当减少，但是封闭系统中 16 号针头对猫的颈静脉来说太大，所以犬的采血袋并不适用于猫。

☑ 猫的专用采血系统（图2-1）可通过动物血库（附录1）购买。

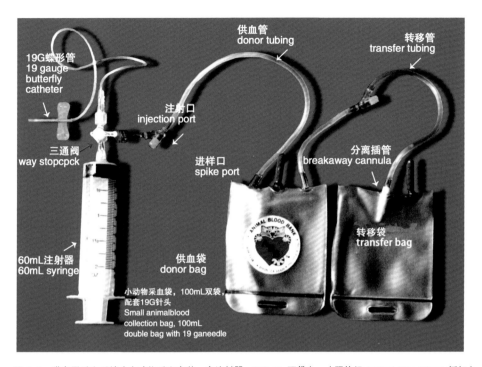

图2-1 猫专用采血系统（小动物采血套装，含注射器、100 mL 双袋）。（照片经 Animal Blood Bank 授权）

血液制品概述

血液制品

☑ 因为犬猫血液制品特性相似，所以下文仅探讨封闭系统和450mL 血液采集系统。

▽ 谨记——开放系统采集的血液必须在采集后 24h 之内使用。封闭系统也必须在开启后 24h 之内使用!

☑ 详细信息参见表2-2。

表 2-2 血液制品概况

产品名	内容物	储存条件	有效期
新鲜全血	血液中所有成分：血细胞、血小板、凝血因子	1~6℃	24h
全血、储存全血	血细胞、血浆蛋白、稳定的凝血因子	1~6℃	ACD、CPD、CP2D：21天 CPDA-1：35天
红细胞、浓缩红细胞	红细胞	1~6℃	ACD、CPD、CP2D：21天 CPDA-1：35天（含添加剂：42天）
新鲜冷冻血浆	所有凝血因子、血浆蛋白	-18℃或更低	1年
血浆	维生素K依赖型因子、白蛋白、免疫球蛋白	-18℃或更低	5年
抗血友病因子冷沉淀	纤维蛋白原、纤维连接蛋白、von Wille-brand因子、Ⅷ因子、ⅩⅢ因子	-18℃或更低	1年
去冷沉淀血浆	纤维蛋白原、纤维结合素、von Wille-brand因子、Ⅺ因子、ⅩⅢ因子、Ⅷ因子、维生素K依赖型因子、白蛋白、球蛋白	-18℃或更低	1年
富血小板血浆	血小板、所有凝血因子、血浆蛋白	22~25℃	立即使用

全血和红细胞制品

新鲜全血

☑ 新鲜全血具有扩充血容量和增加受血者携氧能力的作用。同时，它还能提供有活力的血小板和凝血因子。常用于伴有活动性出血且失血量大于25%的病例。

☑ 采血24h之内的血液统称为新鲜全血。

☑ 新鲜全血包括了血液中所有的成分：血细胞、血小板、凝血因子和血浆蛋白。

☑ 新鲜全血应保存在1~6℃。

☑ ACD、CPD、CP2D及CPDA-1等抗凝剂均适用。不推荐使用肝素。

　　☑ 红细胞保护液不能加入全血中。

☑ 由于新鲜全血的活力有限，除非采血之后需立即输血，否则很少使用。由于在紧急状况下很难立即找到供血动物，所以使用新鲜全血直接输血的方案并不可行。相反，新鲜全血通常用于成分血的制备。

全血

- ☑ 全血具有扩充血容量、增加携氧能力、提供蛋白质和稳定凝血因子的作用。
- ☑ 一旦新鲜全血在 1~6℃下储存超过 24h，则称为全血。
- ☑ 全血包括血细胞以及血浆蛋白，但是血小板和凝血因子含量减少。保留的未激活的凝血因子包括 Ⅱ、Ⅶ、Ⅸ、Ⅹ 和纤维蛋白原。
- ☑ 抗凝保护剂 ACD、CPD 及 CP2D 可使该制品保质期延长到 21 天。使用 CPDA-1 可使全血保存时间延长到 35 天。
  - ☑ 血细胞添加剂不能混于全血中。
- ☑ 一旦新鲜全血的储存时间超过 24h，可以按全血的方式储存以延伸其用途。

采血量不足

- ☑ 大多数商品采血袋的最大采血量为 450mL+ 45mL。这些血袋含有 63mL 的抗凝保护剂，最终血量与抗凝剂的比例大约为 9∶1。
  - ☑ 如果使用了预计采血量为 450mL 的血袋，但实际上只采集了 300~400mL 血液，该血样只能作为全血储存；不能用来提取成分血。该血样可用于输血，但必须标明血量不足。采用该血样进行输血时，可能会引发枸橼酸盐中毒。
  - ☑ 如果仅需要不到 300mL 的血液，在采血之前就应该在无菌条件下去除采血袋中的部分抗凝保护剂（参照 39 页）。

红细胞或浓缩红细胞

- ☑ 红细胞能有效提高病患的血液携氧能力，但相比全血而言，其血容量扩充作用较弱。红细胞可用于治疗血容量正常的贫血，或者经药物治疗无效的贫血。
- ☑ 红细胞可从新鲜全血制备，也可从全血制备。制备红细胞，可从单位新鲜全血中分离出血浆，使得细胞成分仍然留在血袋中，成为红细胞。如果使用离心法，该过程会更快，也可以静置全血使红细胞沉入底部。加入 ACD、CPD 以及 CP2D，1~6℃下红细胞的存放时间为 21 天。加入 CPDA-1，同等条件下其存放时间为 35 天。

☑ 红细胞保存液可延长单位红细胞的存放时间至 42 天（1~6℃）。红细胞保存液必须在静脉采血后 72h 之内与红细胞混合。

血浆

新鲜冷冻血浆

☑ 新鲜冷冻血浆（FFP）包含所有凝血因子（包括凝血因子 V 和凝血因子 Ⅷ）。FFP 可作为血浆蛋白的来源，同时可以扩充血容量。新鲜冷冻血浆用于治疗各种原因导致凝血因子缺乏的疾病。联合应用新鲜冷冻血浆和红细胞几乎相当于新鲜全血的功效。

☑ 新鲜冷冻血浆需要用新鲜全血来制备。采用离心法可将血浆和红细胞分离。随后必须将血浆完全冷冻在 -18℃或更低温度下。如果加入的抗凝保护剂是 CPD、CP2D 或 CPDA-1，要求在静脉采血后 8h 内完成血浆冷冻。如果加入的是 ACD，则血浆的分离和冷冻都必须在静脉采血后 6h 之内完成。冷冻后的血浆存放时间能达到一年。

血浆

☑ 血浆用于治疗病情稳定的凝血因子缺乏症。该样品包含维生素 K 依赖型因子、白蛋白和免疫球蛋白。当华法林/香豆素中毒或犬细小病毒感染时，血浆可以用作血容量扩充剂。

☑ 超过存放时间的新鲜冷冻血浆会变为血浆。当单位新鲜冷冻血浆在 -18℃下储存时间超过一年，该样品应被重新标记为血浆。这样做能清楚地记录经过一年的储存，新鲜冷冻血浆中的凝血因子有所丢失。

☑ 从静脉采血之日起，血浆的保质期为5年。若不是在采血后6~8h之内分离出的血浆，只能标为血浆（而非FFP）。

抗血友病因子冷沉淀

☑ 抗血友病因子冷沉淀（AHF，通常称作冷沉淀物或者冷沉淀）是一种富含VWF、凝血因子Ⅷ、纤维蛋白原因子ⅩⅢ和纤连蛋白的血浆衍生物。用于治疗血管性假性血友病（von Willebrand氏病）、血友病A、低纤维蛋白原血症、弥散性血管内凝血和败血症。

☑ 冷沉淀物是用新鲜冷冻血浆制备的。FFP含有高分子量血浆蛋白低温沉淀物。当FFP在1~6℃下融化时，得到的沉淀物就是冷沉淀AHF。当大约90%的冷上清移除后，经冷沉淀的AHF需要重新冷冻，并保存在–18℃或更低温度下，存放时间为一年。

冷上清

☑ 冷上清（去冷沉淀血浆）含有很少量的纤维蛋白原、纤连蛋白、凝血因子Ⅺ、ⅩⅢ、Ⅷ和von Willebrand因子，但不含因子Ⅴ。去冷沉淀血浆含有维生素K依赖型因子，白蛋白和球蛋白。适用于犬细小病毒、华法林/香豆素中毒的治疗。

☑ 去冷沉淀血浆（Cryo-poor Plasma）是制备冷沉淀剩余的血浆成分。保存在–18℃或更低温度条件下，存放时间为一年。

富血小板血浆和血小板浓缩液

☑ 血小板是血管损伤时首先作出反应的外周血细胞成分，具有止血作用。

☑ 通过对保存在22~25℃的新鲜全血进行差速离心，可制备出富血小板血浆（Platelet Rich Plasma，PRP）。

☑ 为了给患病动物提供具有活性的血小板，富血小板血浆必须在制备好后尽快输入病患体内。

☑ 血小板浓缩液是通过对富血小板血浆离心得到的。离心后，多余的血浆成分被移除，仅剩下血小板成分，保存在 22~25℃，从静脉采血之日算起，其活性至少能保持 5 天。为防止血小板发生凝集，并提供充足的氧气与二氧化碳进行气体交换，血小板浓缩液需要在持续轻微震荡下储存。

血液采集系统和预处理原则

血液采集系统

☑ 市售的血液采集系统有多种配置，其组件包括采血袋和卫星袋（储存袋）（图 2-2）。

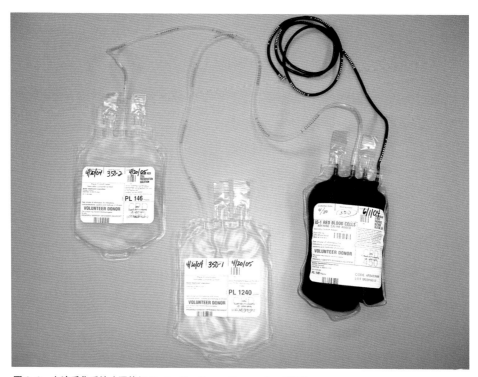

图 2-2　血液采集系统（照片经 Baxter Healthcare Corporation 授权）

☑ 采血量要依据所选择的血液采集系统而定。采血量由血袋大小和"采血袋"内抗凝剂含量而定。

☑ 针头与采血袋相连。采血袋里含有抗凝剂；采血时血液直接流入采血袋中。卫星袋体积较小，与采血袋通过密封的端口相接。不同构造的采血系统配置略有不同，有些连有一个或多个卫星袋。

☑ 卫星袋用于储存红细胞、血浆或血小板，并由制备者依次标注。

预处理原则

☑ 所有血液制品都必须标明采血日期、制品名称和有效期。其他信息也很有用，例如：血型和捐献者信息。标记时必须使用永久性记号笔，避免标记的信息在储存、融化或加热血液制品时被洗掉。

☑ 对血液进行处理之前，应先把针头从采血系统中取下。这可以通过热封口器（Hematron Dielectirc Sealer，Baxter Healthcare，Fenwal Division）或金属钳（手握式封口器，手握铝封口钳，Baxter Healthcare，Fenwal Division）完成。

☑ 一旦针头取下，静脉采血管上的血液须用医用压管钳（Donor Tube Stripper，Baxter Healthcare, Fenwal Division）进行挤压。这样做可以保证该导管里的血液经过适当的抗凝处理（图2-3）。由于导管里的血液将被分成几段（图2-4），以后可用于供血动物的配血试验，所以这一步非常重要。

☑ 每一个血袋都有一系列识别号码，而且都是沿着采血导管重复印刷。在血袋顶端即第一组识别号码处进行封口，然后沿导管反复加封，使得导管被封成若干段。将每一段头尾相接折叠起来，并用橡皮筋将它们缠绕到一起。这可以防止在提取血液成分时，不同节段在离心机内缠绕到一起（图2-5）。

☑ 如果某一节段在储存过程中不小心与血袋分离，可根据节段上和血袋上的识别号码将它们重新归置到一起。

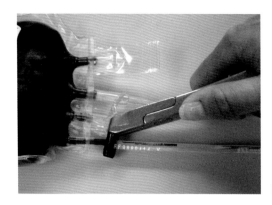

图 2-3　去除静脉采血导管内的血液

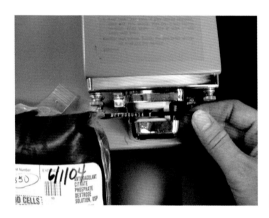

图 2-4　对小节段进行封口

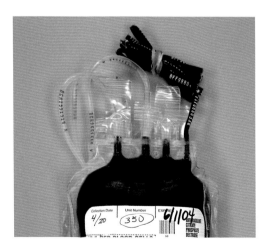

图 2-5　分好的节段，已做好密封工作

新鲜全血的制备

犬

- ☑ 一旦采集到一份全血，除非要制备血小板，否则必须立即储存于1~6℃，直到开始处理血样。全血在采集后24h之内都被认为是新鲜全血。新鲜全血包含了血液的所有成分。
- ☑ 如果已经确定采集的新鲜全血不会用来提取任何血液成分，卫星袋可以封口，并且从采血袋上分离下来。
- ☑ 必须根据流程一步一步操作。

猫

- ☑ 当使用开放的注射器或血袋采集猫的全血时，采集到的血液应尽快输给患猫。如果紧急状态下需要延迟输血，则必须在1~6℃条件下保存。

浓缩红细胞和新鲜冷冻血浆的制备

- ☑ 采血完成后，提取血液成分前，全血必须保存在1~6℃条件下。
- ☑ 以下讨论限于犬的采血，采血袋规格为450mL。猫成分血的制备见动物血库（附录1）部分，该附录含有成分血制备技术及"小动物双注射器采集系统"。
- ☑ 如果要制备新鲜冷冻血浆，选择的抗凝保护剂是CPD、CP2D或CPDA-1，必须在采血后8h之内分离出血浆和血细胞，并将血浆完全冷冻。如果选择ACD作为抗凝保护剂，则必须在采血后6h之内分离并完全冷冻血浆。
- ☑ 如果全血准备用于制备血小板，则该血浆必须保存在室温下，直至提取出血小板。
- ☑ 该过程必须根据方法流程一步一步操作。

离心准备工作

☑ 为了能使血样在离心过程中保持平衡，收集到的全部血液都需要称重。

　　☑ 离心时保持平衡可防止离心机转子损伤；对称位置的离心杯里总重量必须相等（图2-6）。

　　☑ 离心时，可以在空血袋中填充10%的丙三醇以平衡离心重量。橡皮圈和称量过的塑料盘也可以用来平衡重量（图2-7）。

图2-6　已配平的离心物品（图片来源于Kendro实验器材公司）

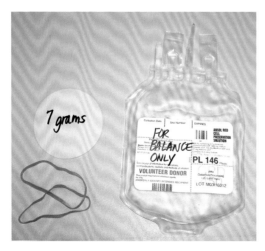

图2-7　平衡装置

离心

☑ 置入离心槽的血袋标签必须朝外。这样可以减少离心力过度作用于封口的边缘。带有离心杯的离心机能更容易将血浆从血细胞周围分离出来(图2-6)。

☑ 全血在1~6℃条件下离心时,应选择"高离心力"。高离心力被定义为5000g离心5分钟(更多有关离心速度和离心时间信息见方法准则中的"离心校准")。

☑ 一旦离心机开始减速,让其自然停止,不要施加任何阻力,因为人工制动或转动轴突然停止都会使得血浆和血细胞重新混合。

血液成分的分离

☑ 将血样从离心机中移出时要注意避免振动,否则血浆和红细胞会重新混合。血样需要放置在血浆分离机上(Fenwal;血浆分离架,Terumo®)。该设备上有一个十分稳固的架子以放置全血。在架子上附有一个铰合板,铰合板放下后会挤压血样,将血浆压入卫星袋中(图2-8)。

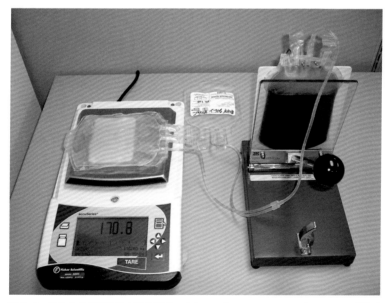

图2-8 从全血中分离血浆(照片经Acculab and Baxter Healthcare Corporation 授权)

☑ 在这里的讨论中,采血系统共有两个卫星袋:一个含有 Adsol®,另外一个是空的。然而,在实际操作中,与采血袋完整相连的卫星袋的数目是根据选用的采血系统而定的。

☑ 血浆在受到压力后被分离进入空的卫星袋。该卫星袋应放置在一个已去皮的天平上。

☑ 移除 230~256g 血浆。

关于计算:

血浆的比重是 1.023,所以 1g 血浆和 1mL 血浆的重量大致相当。

移除 230~256g 血浆后,最终红细胞压积为 70%~80%。

注意:该准则适用于红细胞中添加了 Adsol® 的采血系统。如果红细胞中不添加 Adsol® 时,红细胞压积会有一定程度的改变,见表 2-3。

表 2-3 红细胞的制备(红细胞压积已知)

		供血动物的 PCV		
		35%	40%	45%
	50%	135	90	45
PCV 期望值	70%	188	150	113
	70%	225	193	161
	80%	253	225	197

阴影区域表示血浆容量是从 1 单位(450 mL)全血中提取容量为近似值,依据 1g = 1mL

☑ 使用止血钳夹住血浆袋上的导管。然后,打开装有 Adsol® 卫星袋(储存袋)的封口,让 Adsol® 流入红细胞。然后重新对装有红细胞和 Adsol® 的血袋封口,并将其与装有血浆的血袋分开。轻柔混匀红细胞和 Adsol®。

☑ 此时仍然有两个卫星袋;一个含有 230~256g 血浆(体积为 225~250mL)。血浆可以保存在一个卫星袋中,也可以等分成两份保存在两个卫星袋中。封存储存血浆的卫星袋。

血液的采集、处理、储存和运输 2

▽ 血浆分装依据主要为受血动物需求量和血浆自身要求。购买的采血系统最好包括1~4个卫星袋，并根据实际情况合理选用。

☑ 将天平归零并称量每一个装满的血袋。血液制品的重量为血袋的最终重量减去空血袋的重量。红细胞的比重为1.080~1.090；血浆的比重为1.023。将血液制品的重量除以其比重，就可以计算出相应的体积（以毫升为单位）。

☑ 血液制品的成品需要标记清楚名字和体积。如果红细胞中加入了Adsol®，也需要在血袋的标签上注明。

储存

☑ 红细胞需要在1~6℃下冷藏。最好使用专门的血液储存冰箱。目前，多种冰箱都能满足储存的温度要求，但价格差异也很大。血液制品以有机体的形式储存。可将快到有效期的血液制品放置在冰箱最外层，以便能最先利用。其他血液制品和辅助材料也可放置在同一个冰箱里，但是要与单位红细胞分开（图2-9）。

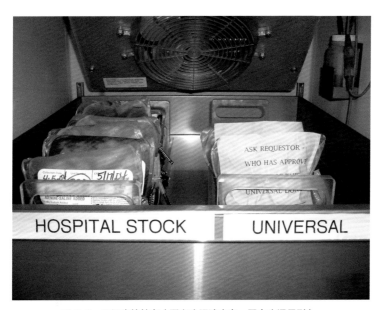

图2-9　红细胞的储存（图左为医院库存，图右为通用型）

33

☑ 血浆制品应保存在 -18℃或更低温度条件下。最好选用储存血浆的专用冷冻箱。储存血浆制品的冷冻箱不能带有循环除霜功能，因为循环除霜会在一定时间内使冷冻箱内的温度升高，并导致血液制品融化。另外，当出现停电或电力不足时，也会出现血液制品的融化。

☑ 为了防止储存的冷冻血浆不必要的解冻，可采取如下监控措施（图2-10）。

图2-10 监控冷冻血浆的储存情况：右部血液制品的"腰部"有一处凹陷，左侧血液制品的底部有一个死腔，中间的血袋曾经被融化过

☑ 在血浆冷冻前，将橡皮圈缠绕在血浆袋的中部，一旦该血浆冷冻，橡皮圈会在血袋中部形成一个"腰带"状凹陷。如果血浆融化，则橡皮圈形成的凹陷就会消失。所以，当一单位血浆制品取出时，如果其腰部没有凹陷，则很有可能在其储存过程中就曾经融化过。

血液的采集、处理、储存和运输 **2**

- ☑ 另外一个技术是指在冷冻血浆之初将血袋倒置，这样就会在血浆底部形成一个"气泡"。血浆冷冻后再把血袋正立放置。如果将血浆取出冷冻箱时发现血袋底端没有气泡，则说明其在储存过程中很有可能融化过。
- ☑ 此外，还应该在血浆冷冻箱内放置一个独立的温度检测器，有助于监控冷冻箱温度。可选择电子式或读表式温度检测器。

☑ 塑料储存血袋在零度以下保存时，如果操作不当很容易破裂。为了保护冷冻血浆，在冷冻前应使用塑料泡沫将其包裹起来。应谨慎操作冷冻血浆制品！

血液制品的记录

☑ 血液制品的记录对于跟踪其使用情况十分有用。供血动物的认证号码、捐献日期、有效期、制品的体积和最终处置信息都有必要标注在产品上。

抗血友病因子冷沉淀和去冷沉淀血浆的制备

☑ 抗血友病因子冷沉淀和去冷沉淀血浆都是由新鲜冷冻血浆（FFP）制备的。

☑ 要制备抗血友病因子冷沉淀，需要完整单位（225~250mL）的新鲜冷冻血浆，并且至少有一个连接卫星袋的采血系统。

☑ 新鲜冷冻血浆需要根据上文列出的流程处理，但需要注意以下问题：
- ☑ 完整单位（225~250mL）的 FFP 需要保存在一个卫星袋中。
- ☑ 需要准确记录单位 FFP 的总体积，有助于之后的换算。
- ☑ 两个卫星袋之间的导管需暂时关闭，以防血浆从一个卫星袋中流入另一个卫星袋。
- ☑ 在制备抗血友病因子冷沉淀之前，FFP 需要被冻成固体。

☑ 新鲜冷冻血浆在1~6℃条件下回温。该过程大约需要8h。当血浆呈现解冻状态，可采用以下任何一种方法获取抗血友病因子冷沉淀。

　　1. 将融化的血浆放在血浆抽提器上，将液态血浆压入空卫星袋中。充满血浆的新卫星袋中的血浆必须达到FFP原始体积的90%。将两个血袋封口。

　　2. 采用重力将该血浆离心。抗血友病因子冷沉淀会沉淀到袋底和贴附在袋壁上（图2-11）。将90%上清液压至另一个空的卫星带，并将两个血袋都封口。

☑ 含有90%原FFP的制品被称作**去冷沉淀血浆**。而另一个卫星袋里装有剩余的10%FFP沉淀，这部分被称为抗血友病因子冷沉淀。

☑ 将冷沉淀物和**去冷沉淀血浆**冷冻1h后完成两者的制备。两种产品都必须保存在−18℃或更低温度下。

☑ 该产品的有效期为采血之日起一年以内（不是从制备日期开始）。

☑ 需要标记产品名字、总体积和有效期。

☑ **该过程必须根据方法流程逐步操作。**

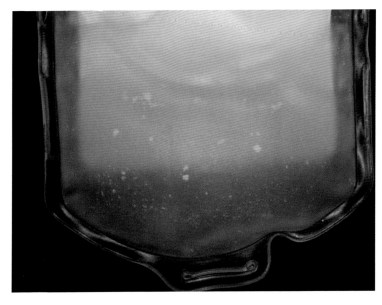

图2-11　冷沉淀物

富血小板血浆的制备

- ☑ 富血小板血浆（PRP）是用一单位新鲜全血（450mL）制备的。
- ☑ 要制备富含血小板的血浆，需要**至少一单位新鲜全血，且至少连接一个卫星袋**。单位新鲜全血必须保存在 22~25℃ 条件下，为了获得更有活性的血小板，应尽快处理。

离心前准备

- ☑ 对一单位全血进行称重，用于离心平衡。
  - ☑ 离心时保持平衡可防止离心机转子损伤；对称位置的离心杯里总重量需相等（图 2-6）。
  - ☑ 离心时，可以在空血袋中填充 10% 的丙三醇以平衡离心时的**重量**。橡皮圈和称量过的塑料盘也可以用来平衡重量（图 2-7）。
- ☑ 单位全血需要使用冷冻离心机的"低离心力"离心，温度设置为 22~25℃。低离心力定义为 2000g 持续 3 分钟（更多有关离心速度和离心时间信息见方法准则中的"离心校准"）。
- ☑ 一旦离心机开始减速，让其自然停止而不要施加任何人为阻力，因为人工制动或者转动轴突然停止会使得血浆和红细胞重新混合。

成分分离

- ☑ 将血样从离心机中移出时注意要避免振动，否则血浆和红细胞会重新混合。样本需要放置在血浆提取机上（Fenwal；血浆分离架，Terumo®）。该设备有一个十分稳固的架子，可以放置全血。架子上附有一个铰合板，铰合板放下后会对血袋产生压力，将血浆挤压入卫星袋中（图 2-8）。

- ☑ 血浆在受到压力后会进入空的卫星袋。该卫星袋需放到一个天平上，放置前天平要归零。
- ☑ 血浆的移出
  - 从全血离心产物中提取血小板是一项富有挑战性的工作，因为红细胞在血小板层正下方（图2-12）。富血小板血浆应为明黄色，并且眼观无明显红细胞。

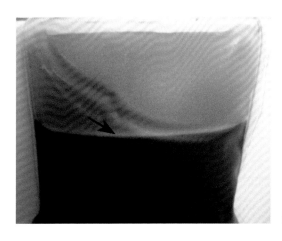

图2-12 全血离心后，可见血小板层

- ☑ 使用止血钳夹住血浆袋上的导管并将其封口。根据"浓缩红细胞和新鲜冷冻血浆的制备"部分处理红细胞。
  - 计算富血小板血浆的体积

关于计算：

血浆的比重是1.023，所以1g血浆大约可换算为1mL血浆。

- ☑ 将天平归零，称量富血小板血浆。总体积=（总重量−空袋重量）/比重。
- ☑ 最终产品需要标记名字和体积（毫升数）。

储存

- ☑ 为了保持血小板的活性，输血前需要将富血小板血浆标签朝下，在室温下静置1~2h，随后立即进行输血。
- ☑ 该过程必须根据流程逐步重复操作。

采血量不足及减少抗凝保护剂

☑ 商品血袋中都含有特定量的抗凝保护剂。当采血量和预计采血量有偏差时需谨慎处理，以保持产品的活性。根据血袋的不同，采血量、采血原则也会有相应的变化，以下讨论仅限于犬用450mL规格血袋。

采血量不足

☑ 450mL规格的采血袋含有大约63mL的抗凝保护剂。该剂量的抗凝保护剂足以支持405~495mL的全血。如果该血袋仅采集到300~400mL血液，该血样不能用于成分分离，只能以全血的形式保存。该血袋还须标明"采血量不足"和实际采血量。

◉ 需要注意该血样中包含超剂量的抗凝剂，这就必须考虑到枸橼酸盐的毒性作用。这些血样应用于受血动物时会受到一定限制。

减少自带抗凝保护剂

☑ 如果仅计划采集不到300mL的血液，在采血前就应该移除血袋中的部分抗凝保护剂。可以将多余的抗凝保护剂挤压到另一个卫星袋。

☑ 需要移除的抗凝保护剂的计算方法：

抗凝保护剂需要量（mL）=（采血量/100）× 14mL

从采血袋中移除的抗凝保护剂 = 63mL − 抗凝保护剂需要量

◉ 该公式仅限于抗凝剂，使用剂量为抗凝剂∶血 = 1.4∶10的抗凝保护剂。大部分含有CPD或者CPDA-1的血液采集系统都在此范围内。

从采血袋中移除抗凝保护剂的流程

- ☑ 了解采血袋中抗凝保护剂的精确体积和比重。计算出需要移除量。
- ☑ 称量采血袋和用于收集多余抗凝保护剂的卫星袋的重量。
- ☑ 打开密封的采血袋。将多余的抗凝保护剂按计算量从采血袋中移到空的卫星袋中。对卫星袋进行封口，并将其从采血系统中分离出来。
- ☑ 该血样可用于制备成分血液制品。

从外界购买血液制品

购买血液制品

- ☑ 临床兽医可能需要通过其他途径购买血液制品。
  - 当出现一个急诊病例，医院里所有的库存血液制品都无法满足其需要，且当时没有合适的供血动物时。
  - 一些兽医诊所仅从外界购买血液制品。
- ☑ 动物血库需要经过认证。
  - 经认证的能提够供商品化血液制品的动物血库见附录2。
  - 建议在需要使用血液制品之前与血液供应商建立联系。
- ☑ 与血液供应商沟通预期需要的血液制品；供应商可根据这些信息调整血液采集量，以便满足血液供应需要。

血液的采集、处理、储存和运输 2

- 这也为购买者提供了了解血液采集方法和血库质量的机会。
- 此外，购买者可索取订购血液制品的相关政策和程序。购买方需慎重！
- ☑ 购买者可能会问：
    - 产品价格是多少？
    - 一般情况下多长时间能到货？
    - 紧急情况下多长时间能到货？
    - 产品如何包装？
    - 产品包装后，在最佳储藏温度条件下，保质期多长时间？
    - 是否能够隔夜送达？附加费用是多少？
    - 运输过程中是否会遇到极热或极冷的外部温度？包装材料能否应对这些条件？
    - 是否在运输过程中使用温度监控设备、时温标签、高－低温度计（Taylor 仪器公司，罗切斯特，纽约州，美国）或 R&D 温度指示计（Chek 实验室公司，奥罗拉，美国伊利诺斯州）？
    - 收到的单位血液制品已超过可接受的运输温度，是否有相应的政策？
    - 如果单位血液制品处理不当或运输过程中丢失，是否有相应的政策？
    - 单位血液制品的有效期多长？

接收血液制品

- ☑ 收到产品时立即打开包装。
- ☑ 检查产品外观。是否有任何损坏?是否有泄露?
- ☑ 产品储存温度是否合适?
    - 如果没有使用温度监控设备,红细胞制品的温度可通过对折血袋(标签朝外)并在折叠中部插入温度计的方法来测量,形似血袋"三明治"(图2-13)。读取温度,红细胞制品温度不应超过10℃。
    - 冷冻产品必须维持冷冻状态!
- ☑ 收到血液制品后应放置在适当的储存温度下,并在产品日志中记录下来。

图2-13 采用"三明治"法测量血袋温度

血液制品的装运准备

- ☑ 血液制品应在保证产品完整的情况下进行包装和运输。
- ☑ 应遵循联邦、州和地方的准则。在某些情况下,血液制品发货之前必须获得联邦或州政府的许可证。

产品包装

☑ 在血液制品包装使用前应确认运输容器和包装程序。这些程序应定期监测，以确保整个运输过程中血液制品都处在适宜温度下。

☑ 运输容器应有能紧密封闭的配套桶盖，并能承受泄漏和压力。大多数承运商要求冷藏容器外部使用纸板盒包装。地址标签应当用记号笔标记清楚。

☑ 待运输血液制品的包装如下。

1. 使用适当的运输容器。
2. 在容器内，从底部往上各层分别为：

    冷却剂

    吸水纸

    血液制品

    吸水纸

    冷却剂

    密封盖

3. 确认容器密封盖和外部纸板盒包装完好。
4. 粘贴标签。
5. 交付承运商。

☑ 全血和红细胞制品，可在拉链式塑料封闭袋中使用冰块作为冷却剂。

☑ 冷冻血液制品，干冰是首选的冷却剂。

- 干冰挥发会导致皮肤灼伤并释放二氧化碳，因此，被认为是危险物质。在运输前一定要告知承运商包装中含有此类物质。

☑ 吸水纸应能够处理运输过程中的渗漏情况。也可选用纸巾、纸尿布或报纸。

☑ 血液制品业应该用带拉链的封闭塑料袋密封包装，避免出现意外损伤导致产品泄漏。

第3章
输血疗法的相关工作

主要内容
- 交叉配血
- 输血指南
- 血液替代品：血液和血液制品之外的选择
- 可配伍的溶液
- 输血器
- 输血的不良反应

交叉配血

交叉配血试验包括主侧交叉配血和次侧交叉配血两部分。主侧交叉配血和次侧交叉配血试验用于提供血型相配的红细胞制品，同时也尽可能减少输血带来的副作用。

- ☑ 主侧交叉配血用于检查受血动物血清中是否存在能凝集或溶解供血动物红细胞的抗体。
- ☑ 相反，次侧交叉配血用于检查供血动物的血浆中是否存在针对受血动物红细胞的直接抗体。

次侧交叉配血

☑ 次侧交叉配血的步骤为：将受血动物的红细胞与供血动物的血浆混合，适当孵育后，将细胞/血浆混合物离心并观察是否出现凝集反应。该方法在抗体筛查法和抗体筛查细胞出现之前也广泛应用于人医临床。随着抗体筛查细胞的出现，供血动物的抗体筛查法代替了次侧交叉配血试验。

什么是抗体筛查细胞？

抗体筛查细胞是商品化的人类 O 型红细胞。该类细胞能检测具有临床意义的血液抗原（如 Rh 血型系统、MNS 血型系统、Lewis 血型系统、Kell 血型系统、P 血型系统和其他血型系统）。市售的典型抗体筛查细胞基本都由 3 种不同抗原的红细胞样本组成。人医临床中，当进行供血者血液筛查时，供血者的血浆将与一组抗体筛查细胞反应。如果筛查结果为阴性，则可以初步认定，受试供血者血液中不含与抗体筛查细胞表面抗原相对应的抗体。如果筛查结果为阳性，则需要将供血者的血浆与另一组抗体筛查细胞进行反应，并以此确定血浆中抗体的类别。此时要注意，由于全血是由多种血液成分组成的，在常规输血时，阳性结果和抗体鉴定结果仅能排除供血者的血浆。如果抗体筛查结果为阴性，则可以假设该血浆可以安全地输给可与 ABO 血型相配的受血者。正是如此，血浆制品在人医临床使用前通常不需要再进行交叉配血试验。

在兽医临床中的现状如何？

目前，兽医临床还未开展抗体筛查方法的应用。**因此，次侧交叉配血才非常重要。**需要牢记的是，次侧交叉配血试验用的是受血动物的红细胞和供血动物的血浆。该试验能为输血提供一定的安全保障，尤其是对全血和血浆的使用。另外，也可将次侧交叉配血看作供血动物血液筛查的过程：受血动物的红细胞起到抗体筛查细胞的作用。不过这些筛查细胞不一定带有对临床有意义的抗原。但是，如果某个供血动物和一至多个受血动物进行次侧交叉配血，结果均为阴性，则认为该供血动物的血浆中不含具有临床意义的抗体。切记，大多数供血动物都需要至少一年时间才有资格加入供血项目，这是因为供血动物每年应至少供4次血，且在每次供血时，供血动物的血浆必须经过至少一个受血动物红细胞的检验。如果供血项目愿意将此作为供血动物抗体筛查的方法，则供血动物的血浆制品在输血时可以不做次侧交叉配血试验。

☑ 与此同时，应拒绝有潜在异体红细胞抗原致敏史的动物加入供血项目，这样能从血库中去除可能有红细胞抗原抗体的血浆。

输血指南

治疗依据

全血是多种细胞成分悬浮于液体运输介质中的混合物。这些细胞功能不同。红细胞携带氧气，并通过其表面对多种物质的吸附作用参与宿主防御反应，巨噬细胞控制血液中的细菌，血小板对凝血必不可少，而淋巴细胞则能介导免疫反应。液体介质中还包含一系列溶质：白蛋白、球蛋白、凝血蛋白、代谢中产物、电解质、有机阴离子及微量元素。各大兽医血液捐献中心都具备分离和浓缩全血中细胞成分的能力。现代输血疗法应建立在使用成分血来治疗特定的血液成分缺乏症的基础之上。优先使用成分血的依据如下。

对有限资源的考虑

血液是一种十分珍贵的医疗资源,这是支持成分血治疗最有说服力的论据。成分血具有潜在的治疗价值,获取和运输血液制品的成本较高,分别提取和制备血液成分,能实现一个供血动物同时满足不同受血动物的特定需求。供血动物的筛查必须建立在保证所供血液安全性的基础之上。

动力学

当机体出血后,在凝血机制的作用下,不同动物以不同速度重新恢复血液中的各种成分,恢复速度取决于合成能力、内源性消耗、降解以及其在不同生理部位的分布情况。犬猫红细胞的半衰期可达数月,而白蛋白的半衰期仅3~4天。手术造成的失血可能需要对红细胞进行补充,而白蛋白则不需要,因为其在几天之内就能自我恢复。另外,还需要考虑到耐受性的问题。对于健康动物,如果丢失了50%的红细胞,机体的耐受力依然良好,但如果丢失了50%的血容量,必须立即纠正,否则就会有生命危险。

不良反应

另一个支持使用成分血的论据是:无数的输血不良反应都是由于输入不必要的血液成分造成的。出现任何输血反应都说明该次输血未达到预期效果,并且更重要的是,需要输血的病例原本就很虚弱,输完血之后更是雪上加霜。一旦红细胞致敏,之后的输血就会变得更加困难。如果为了达到特定的红细胞压积而输入多个单位的全血,很可能造成血容量过负荷,引起肺水肿。

决定输血

所有输血治疗都只能暂时改善患病动物的体况。所以有必要进行多次输血，直到患病动物自身能够产生之前缺乏的成分。此外，输血会抑制机体对血液某种成分缺乏时的正常生理反应。例如，如果某一患病动物的红细胞总量处于较低水平，组织缺氧会引起促红细胞生成素增加和骨髓反应，生成网织红细胞。对于该患病动物，输入红细胞则会降低或延迟网织红细胞反应。所以在输血前，必须考虑以下问题：

是否真的有必要输血？

患病动物特别需要什么血液制品？

输血的预期收益能超过其风险吗？

哪种成分血能以最低成本满足患病动物的需要？

输血之后：输血是否给患病动物带来了预期效果？

上述问题的回答应该记录在患病动物的病历中。对于一个病例来说，如果输注红细胞，最起码应该测量输血前和输血后（24h）的红细胞压积和总蛋白含量。

成分血通常根据不同的生理功能进行简单分类：运输氧气、辅助维持血管内血容量、止血和吞噬作用。兽医临床还未开展输入粒细胞以辅助吞噬作用的技术。补充血容量时除了输入血浆以外，输入胶体液（羟乙基淀粉、右旋糖酐、凝胶制品）也能维持血液的胶体渗透压（COP）。白蛋白以血浆的形式输入机体后，对低胶体渗透压患病动物能起到维持渗透压的作用，若该患病动物没有同时补充胶体液，这些血浆将迅速扩散至第三间隙。

输血以提高携氧能力

对于血红蛋白和血细胞比容要低于多少范围才需要输入红细胞，目前并无定论。这可以根据患病动物和对患病动物的护理观察来决定。当某一患病动物丢失了 1/3 的红细胞时，要立即提高机体的携氧能力。当患病动物患有慢性疾病时，在没有受到应激的情况下，即便其红细胞比容非常低，也不需要额外提高携氧能力。不过，通常情况下，当犬猫血红蛋白浓度低于 7g/dL（红细胞比容低于 21%）时，则需要考虑输入红细胞以提高携氧能力。对于特定病例，需要考虑该动物的年龄、病因、贫血持续时间和血流动力学，以及是否同时出现心脏、肺部或血管方面的问题。

能提高携氧能力的血液制品

<u>全血</u>——大量急性失血超过血容量的 20%[犬的血容量近似为 90mL/kg（体重），猫的为 70mL/kg（体重）]，或伴随大量血液丢失的凝血病时，输血后患病动物的红细胞比容能立即升高，并超过基础值，而且输血后 24h 内随着血容量的重新分布会进一步升高。

<u>浓缩红细胞（RC，浓缩红细胞）</u>——在冷冻条件下对全血进行离心，移除血浆后可得到浓缩红细胞。因为其红细胞比容接近 70%~80%，RC 通常需要与无菌生理盐水或其他溶液混合以降低黏稠度。

对于接受红细胞的患病动物，需要确定输血后的红细胞比容期望值。首先计算总血容量（见上文全血部分）和总红细胞量（通过输血前红细胞比容计算得出），然后确定输血后的总血容量（输血前血容量 + 输血量）和血细胞比容（输血前的红细胞量加上输入的红细胞量之和），最后便可以确定输血后的红细胞比容期望值（输血后红细胞量除以输血后总血容量）。

血液替代品：血液和血液制品之外的选择

红细胞替代品

优质红细胞替代品需要达到以下要求。

1. 必须有效。
2. 有较长的保存时间。
3. 免疫原性极低。
4. 无病原体和内毒素。
5. 价格合理且货源稳定。
6. 必须能在机体内将氧气传递和释放到组织中

红细胞替代品的适应症：

1. 急性贫血。
2. 急性失血。
3. 术前治疗。
4. 术中输血。
5. 在肿瘤治疗中能作为放射致敏剂提供氧气。

血红蛋白溶液：

作为血液代用品的一种，血红蛋白载氧溶液可提高血液的氧含量，并促进氧气向组织传递。血红蛋白存在于血浆中。血红蛋白通过血浆促进氧气扩散，增加氧气从红细胞释放到组织中的效率。血红蛋白携氧溶液的储存时间较长，且能立即使用。这类溶液属于高聚无基质血红蛋白溶液，几乎不含红细胞膜，所以免疫源性极低。该溶液运输和释放氧气的作用能达到 18~24h。输入该溶液对实验室检查有一定影响，但影响程度通常很小，而且影响程度还与所使用的仪器有关。血清尿素氮和电解质似乎不受影响。给予该溶液后，患病动物的黏膜可由黄色变为红色或褐色，并至少维持数天。

血红蛋白载氧溶液已经被批准用于犬（Oxyglobin® 溶液，Biopure 公司，剑桥，马萨诸塞州）。

该产品的生理血红蛋白浓度为 13g/dL，使用时需要等渗乳酸林格氏液作为溶剂。该溶液的分子量范围为 65~500kD，平均为 200kD。不同于红细胞，该溶液的氧亲和力取决于氯离子，而红细胞的氧运输取决于 2,3-二磷酸甘油酸（2,3-DPG）。该溶液可广泛配伍，且可在室温下稳定存放。

<u>适应症</u>——Oxyglobin® 能治疗各种原因引起的贫血，包括溶血、创伤性失血、手术、胃肠道和泌尿道出血，或是灭鼠药引起的出血。

<u>治疗和监控</u>——对血量正常的患犬，Oxyglobin® 的输液速度 ≤ 10mL/（kg·h）。动物氧合水平改善后，多表现为心率和呼吸等生命体征逐渐稳定。当然，还需要治疗贫血的根本原因。黏膜和巩膜暂时由黄色变为红色或褐色。必须监控血容量扩张情况。另外，由于血液稀释作用，可预知红细胞总量（红细胞压积；红细胞比容）会降低。然而，血红蛋白浓度会有所升高。

<u>胶体渗透压低的危害</u>——非心源性肺水肿、全身性水肿、低血容量。

血浆替代品

作为一种血浆扩容剂，羟乙基淀粉是由 DuPont 制药公司人工合成的一种聚合物（富含支链淀粉的蜡状淀粉），其商品名为 Hespan®。该产品为（0.9%）生理盐水中含有 6% 的羟乙基淀粉，近乎于等渗（310mOsm/L）。Hespan® 的存放时间为 12 个月。关于其使用剂量不同作者有不同看法。25mL/kg 的 Hespan® 半衰期为 7.5~8.4 天。

<u>安全性和副作用</u>——羟乙基淀粉对人和犬的毒性较低，在非少尿性肾衰竭时有可能起到改善肾功能的作用。羟乙基淀粉对粒细胞功能没有明显影响，但对凝血功能有显著影响。它能减少血小板的数目，降低血小板的功能。凝血酶原时间（PT）和活化部分凝血酶原时间（APTT）都会有所延长。也曾出现过由羟乙基淀粉引发的过敏反应的报道。

<u>胶体（羟乙基淀粉）治疗的优势</u>——应用羟乙基淀粉可提高胶体渗透压（COP），并在不升高组织间液含量的前提下扩充血容量，其应用与白蛋白和右旋糖苷类似。无论是应急还是长期使用都比较安全。单独注射时，能有效增加血容量和COP，且作用时间在48h以上。

羟乙基淀粉在患低白蛋白血症犬猫的治疗上很有帮助。目前的建议剂量为30~35mL/（kg·天），并可根据临床评价重复使用。

<u>禁忌症</u>——羟乙基淀粉禁用于心脏机能不全和少尿性肾功能衰竭。同时，还禁用于由血管性血友病造成的出血、凝血机制异常等。

VetaPlasma®（Smith Kline Beecham，史密斯克兰比彻姆）

VetaPlasma®是一种商品化的胶体血浆扩容剂（非血浆），可溶于pH值为7.4的生理电解质溶液中。犬猫为静脉注射给药。

VetaPlasma®是一种平均分子量为30 000D的氧化聚明胶，不会增加血浆的黏稠度。该产品或许能改善肾脏功能，但主要（88%）通过肾脏排泄。VetaPlasma®还有可能会引起过敏反应。其半衰期相对较短（2~4h），并为低渗溶液（200mOsm/L）。使用该产品很少（但有一些）会出现凝血障碍问题。

可配伍的溶液

- ☑ 0.9%氯化钠注射液能促进血液制品的输注。
- ☑ 不能向血液制品中添加任何药物或其他溶液，除非该添加剂已通过美国FDA批准，或有充足的证据表明这种血液制品是安全的。
- ☑ 多种经静脉输入的溶液都能干扰输血。
  - 乳酸林格氏液中含有足够的钙离子，能够和抗凝保护剂中的螯合剂结合，从而造成输血管中形成血块。
  - 5%葡萄糖溶液能使红细胞在输血管中凝结成块，导致红细胞肿胀甚至溶血。

输血器

- ✓ 输血器用于血液制品的输注。
- ✓ 输血器的使用能有效防止人为污染物质进入受血动物体内，避免潜在危险。由于输血器中含过滤装置，能将血袋中的凝血块和其他微凝集颗粒截留在输血器中。过滤装置所能拦截的颗粒大小与过滤装置的孔径大小有关。
- ✓ 不论输注的是全血还是成分血，都必须使用输血器，浓缩血小板也不例外。应该按照设备的产品说明书操作，以避免血液制品因操作失误而失效。例如，输入血小板制品时，如果选择的输血器不合适，会导致血小板被拦截在输血器中，从而达不到输血的目的。
- ✓ 市面上有很多种输血器，在购买时应根据实际需要，参照生产商的建议进行选购。
- ▪ 牢记：任何输血器都应每 4h 更换一次。因为过长时间使用会增加细菌污染的可能性。
- ✓ 一些输血器的容量大于一单位血液量，但其总使用时间不可超过 4h。
- ✓ 输血器可能受到细菌污染，不能反复使用。
- ✓ 输血器通常可分为两种：重力滴注型和注射器助推型。
  - ✓ 重力滴注型。
    标准的输血器中含有一个孔径大小为 170~260μm 的过滤器。应根据产品说明书向输血器中装入血液和稀释液。为了达到理想的流速，应保持过滤器充分湿润，且在输血过程中，滴壶的液面不能过半。标准输血器可用于输注全血、红细胞及血浆制品。顾名思义，输血器与血液制品相连，并依靠重力滴注输入。
  - ✓ 注射器助推型。
    该类输血器多用于成分血或体积小于 100mL 的血液制品的输注。它是容量最小的输血器。与重力滴注型输血器相比，该类输血器的滴壶更小，输液管更短。这有助于少量输血。注射器助推型输血器含有一个管内过滤器，该过滤器非常小，不易察觉。

使用该类型输血器时，可以采用两种输注方法：可以将其连接于血袋，将血液抽吸到注射器中，再"推注"到患病动物的体内；或者将血液置于注射器内直接输血。该方法对猫全血的输注比较有用。

输血的不良反应

☑ 输血疗法的基本原则与其他任何医学手段都相同，就是"首先不要造成伤害"。尽管输血的死亡率很低，但确实会出现，尤其是猫。不同机构的死亡率差异很大。溶血反应是最严重的问题。通过对临床症状的密切监测和对输血的不良反应进行适当的实验室评估，能为输血提供一定的安全保障。

输血反应的症状

☑ 发热或过敏反应，作为严重的溶血反应，可能会出现发热或寒战的症状。正因如此，不管患病动物体况有任何不良变化，都必须考虑是否为输血不良反应引起的。

☑ 当怀疑发生输血反应时，必须遵循以下要点。
  1. 停止血液输注。
  2. 如果需要，应保留静脉通路以备后续治疗需要。
  3. 必须通知主治兽医师对该患病动物进行评估。

☑ 有多次输血史或有妊娠史的动物出现发热反应的风险最大。而出现发热反应的动物在很大程度上会发生后续的输血反应。对于这些患病动物，输血前给药作用并不明显，所以即便事先给药，输血时仍需密切观察。

☑ 如果怀疑出现输血反应，应更换输血器。这能保证输血管中残留的 10~15mL 的血液不会输入患病动物体内。

并发症——免疫介导性副反应

溶血反应

溶血反应是最严重的输血反应，但并不常见。溶血多是指由于输入血型不相配的血液，或者由于多次输血后患病动物体内的血型不相配所致。由于猫血浆中带有天然同种异体抗体（特别是 B 型血的猫带有很强的抗 A 抗体），在输血前，必须进行血型检测和交叉配血试验。如果 AB 血型不相配，输血不仅无效，还会造成威胁生命的溶血反应。

▣ 需要注意的是，溶血也可能是由非免疫因素造成的。细胞的物理损伤也可导致溶血，比如过热或是将红细胞混于非等渗溶液中。**输血完成前，严禁在同一位置输入任何其他液体**。

症状

寒战（颤抖）、发热、注射点或沿静脉部位疼痛、恶心、呕吐、尿色深、侧腹部疼痛，继续发展可能会出现休克和 / 或肾衰竭。

预防措施

☑ 如果条件允许，必须在输血前确认供血动物和受血动物的血型，并进行交叉配血试验。

☑ 输血初期（输血开始的 15~20 分钟内，或输入 20% 以内的血量期间）

输血疗法的相关工作 3

输血速度一定要慢；还应坚守在患病动物身旁。

应对措施

☑ 出现输血反应时：
- 停止输血
- 保留静脉通道
- 通知主治医师
- 保留供血动物的血液，与患病动物再次进行配血试验

☑ 如果条件允许：
- 休克时监控血压
- 留置导尿管以监测每小时尿量
- 送检患病动物的血液和尿液的样本。出现血红蛋白尿提示存在血管内溶血
- 注意观察由弥散性血管内凝血（DIC）导致的出血症状
- 给予支持疗法以纠正休克

发热反应

只要体温升高 1℃或以上都被认为是出现发热反应。发热反应该是由白细胞、血小板或血浆蛋白抗体引起。

症状

发热、寒战。

预防措施 / 应对措施

☑ 立即停止输血。

☑ 考虑抗过敏治疗。

过敏反应

能引起患病动物过敏反应的过敏原包括供血动物血液中的红细胞、

血小板、粒细胞和血浆蛋白，可引起补体 – 免疫球蛋白过敏反应。

症状

荨麻疹、呼吸困难、喉头水肿。

预防措施 / 应对措施

☑ 有过敏体质的患病动物输血前先进行抗过敏治疗，以此预防过敏反应，虽然通常无效。

☑ 立即停止输血。

☑ 呼吸困难或发生过敏反应的动物可用肾上腺素进行治疗。

并发症——速发型非免疫介导性副反应

循环超负荷

循环超负荷是由于输血过快（即便是很少量的输血）或者过量输血（即便输血速度很慢）导致的。

症状

呼吸困难、啰音、发绀、干咳、颈静脉怒张（如果明显，可以触诊到）。

预防措施 / 应对措施

☑ 慢速输血。

☑ 输入浓缩红细胞，或将血液分次输入，可以预防超负荷。

☑ 使用输血泵来控制和维持输注速度。

☑ 如果出现输血超负荷的情况，应立即停止输血。

体温过低

体温过低通常是由于过快地输入了低温血液制品所致。

症状

> 寒战、体温降低、心率不齐，还可能出现心脏停搏。

预防措施 / 应对措施

- ☑ 采用加热设备对血液制品进行加热。
- ☑ 如果患病动物表现为寒颤（颤抖），并且体温下降到正常值以下，应停止输血。

电解质紊乱

> 电解质紊乱虽不常见，但常发于患有肾损伤的动物。

症状

> 恶心、腹泻、肌肉无力、弛缓性瘫痪、心动过缓、焦虑不安、心脏停搏。

预防措施 / 应对措施

- ☑ 用盐水洗涤红细胞，或给易患动物输入新鲜全血。

枸橼酸中毒（低血钙）

> 枸橼酸中毒多发于猫，由于采血量不足导致抗凝剂相对过量的血液制品也会引发低钙血症。

症状

> 四肢抽搐、肌肉痉挛、反射亢进、癫痫样发作、喉痉挛、呼吸骤停。

预防措施 / 应对措施

- ☑ 输血速度减慢。
- ☑ 如果发生四肢强直，立即关闭输血管，保留静脉通路，并通知主治医师。

并发症——迟发型免疫介导性副反应

迟发型溶血反应

症状

红细胞受到破坏,输血后 10~15 天出现发热症状,这常常是记忆免疫应答所致。

预防措施 / 应对措施

☑ 注意观察是否出现输血后贫血,或完成输血后体况越来越差。

移植物抗宿主反应

给患有严重免疫抑制的患病动物输血后,可能会出现的一种罕见并发症,这种并发症被称为移植物抗宿主反应。严重免疫抑制的患病动物包括:进行密集免疫抑制治疗的免疫介导性疾病患病动物,或者是正在接受化疗或放射治疗的患病动物。带有免疫活性的供体淋巴细胞移植(输入)到免疫抑制的受体内,并大量增殖时,移植物抗宿主反应就会发生。这种反应是由于植入的供体细胞将受体作为"异物"进行攻击所导致的。

症状

发热、皮疹、肝炎、腹泻、骨髓抑制。

预防措施 / 应对措施

☑ 在人临床医学中,血液制品可通过射线照射。红细胞、粒细胞和血小板的功能不会受到影响,但 85%~95% 的淋巴细胞则会因此失去免疫活性。

☑ 采用支持疗法和对症治疗。

输血后紫癜

输血后紫癜是一种罕见的由抗血小板抗体引起的输血反应。输血后紫癜大多发生于多次生育的犬(罕见于猫)。

症状

　　瘀点、紫癜，输血一周后由于血小板急剧减少引起出血点。不论是输入的血小板或机体原有的血小板都会受到抗体破坏。

预防措施 / 应对措施

- ☑ 免疫抑制疗法。
- ☑ 在人医临床上，如果已经威胁到生命，需要考虑血浆置换。
- ☑ 犬往往具有自限性。

同种异体免疫（抗体形成）

　　患病动物对供血动物血液中的过敏原发生的同种异体免疫反应。过敏原包括：红细胞、血小板、粒细胞、血浆蛋白，通常是补体 – 免疫球蛋白。

症状

　　溶血的风险增加、发热和变态反应。

预防措施 / 应对措施

- ☑ 发生在有多次输血史的患病动物。因此，应该在有限的供血动物中选择血液制品，并且注意监控患病动物是否出现输血反应。

并发症——迟发型非免疫介导的副反应

输血感染

症状

　　肝炎引起的黄疸、发热、非特异性不适或疼痛（通常环绕胸壁或胸骨）、低血压、呕吐、腹泻。

预防措施 / 应对措施

- ☑ 向血库咨询关于供血动物的一切重要资料。
- ☑ 教育宠物主人关于潜在感染的征象。

第 4 章
生物安全

主要内容
- 实验室安全
- 质量保证
- 档案
- 库存管理

实验室安全

☑ 为员工提供一个安全的工作环境是每一个雇主必须履行的义务。这可以通过不断改善工作环境、开展安全工作计划来实现。安全工作计划的目的在于保护员工，避免影响员工健康的情况发生。虽然开展安全工作计划是一项乏味的工作，但确实值得。下文主要对开展安全工作计划作出讨论。另外，该计划需遵循联邦、州以及当地的条例和法规。

☑ 安全工作计划必须包括应对火灾、意外事件、化学物品的方案，还要包括化学品安全数据表（Material Safety Data Sheets，MSDS）的保存。其他计划和政策应根据具体活动来设定。安全工作计划还必须囊括所有在工作环境中出现过的危险。

☑ 火灾应对方案应该包括出现火灾时需要的应对措施，需登记紧急联系电话。安全政策需要向员工说明是否要与火灾做斗争，员工和患病动物需要在什么情况下安全撤离。可以规定一个集中撤离地点，有利于汇集所有员工，并有助于清点人数。员工要全面接受火灾安全逃生培训，知道灭火器的位置和使用方法。

☑ 意外事件应对方案应该提供明确的政策及操作办法。在工作中，有可能发生微小或极其严重的意外，不论轻重，都必须在24h之内将意外上报给雇主。意外事故报告对于意外事件的记录及后期跟踪也十分必要。该方案应非常详尽，需将员工紧急联络人的名字、电话号码记录在案，一旦出现意外，可以很快知道联系谁。

☑ 化学品（安全）方案应该列出所有出现过的危险化学物品清单。当化学物品从原有容器移出时，需要粘贴二级标签。比如，如果异丙醇从一个容器被转印进另一个容器后，需要在新容器上附加一个二级标签。二级标签要写上物品的名称、制备日期或转移日期，以及任何必要的危险标记，如"对眼睛有刺激"。

☑ 化学品（安全）方案的配套资料是化学品安全数据表（MSDS），存单上列出的化学物品都必须保存好该表。这些表是由生产商提供的，一般随有害废弃物容器一同送到。对于一些家用电器，要向生产商索取 MSDS。MSDS 应包含所有有用信息，包括但不限于有害成分、物理和化学信息、火灾和爆炸资料、健康危害数据和使用预防措施。在 MSDS 里包括的信息对于出现意外泄露、溅出、不慎注射或摄入时十分有用。

☑ 其他必要的安全条例和程序还应包括：对有毒物质、尖锐物体和有生物危害物质的处理。需要对这些物质进行隔离。生物安全条例中最好还应包括如何处置过期血液制品。

☑ 雇主应该为员工们提供急救箱。眼睛清洗工作站可以随时处理有毒物质意外飞溅到眼中的情况。另外，雇主还应提供防护服、防护设备和相关使用说明。对洗手进行条例规定也会大有裨益。

☑ 符合人体力学的工作站和相应设备可预防员工背部出现问题。很多制造商都能提供相应的咨询服务。

☑ 一旦合理的安全条例和程序建立起来，并记录在案，有必要对每一个员工进行培训。应保存员工培训记录。培训需要有连贯性，并随着产品和工作任务的变化而变化。

质量保证

什么是质量保证？

☑ 质量保证以建设高标准的病患护理为理念，在组织化信息化管理的指导下，通过调查和调整病患护理质量，不断提高服务质量。具体实施时，可设定一系列目标，但执行过程中所有环节都需要合理分析和监控，其中，最大的挑战来自于如何应对各种不确定因素。

☑ 对于血库或者输血本身，质量保证最主要的目标是为每一位需要输血的患病动物提供安全的输血服务。

如何达到最优效果？

☑ 首先，最好建立一个由员工组成的委员会作为质保团队。该团队需要为质量保证的基本环节下定义，并为其设定相关目标。当质保团队需要对整个机构的质量问题进行评估时，评估内容要限定在血库和输血服务上。

- 正如前文所说，组织机构需要有安全条例和程序。另外，条例与程序手册需简要而实用，且能囊括输血过程中的所有环节。这些程序手册要为员工提供明确的提纲。

☑ 质保团队的主要任务是定义和监测质控指标。设计质控指标对需要衡量或监控的工作任务进行分析。获取或改善工作评估方式可提升服务质量。

- 例如，血库其中一个质控指标为抽取单位血（450mL）所需时间。美国血库协会规定，要采集450mL血液，目标时间为4~10分钟。质保团队会在采血规程中对此进行规范。员工在执行抽血程序时可将这一事件作为基准。

☑ 其他质量控制参考应包括以下一个或多个指标：

- 检查供血动物采血点附近是否淤青。若出现大面积淤青则应采取其他采血方法。
- 询问供血动物主人对供血项目安排的满意度。满意度较高的主人更有可能继续参加供血项目，并推荐给朋友。

- ☑ 定期检查制品包装标签上的信息：血液制品类型、采血时间、有效期和供血动物信息。
- ☑ 定期检查库存和使用情况。
- ☑ 对成分血液制品进行质控。接近或超过保质期的制品可用于检验血液制品制备技术是否达标。例如，可通过检测已过期红细胞制品的红细胞比容（HCT），来评估其红细胞压积（PCV）是否达标。如果检测结果出现变化，提示产品制备方面存在一定问题。
- ☑ 可通过对红细胞制品进行培养来检验采血及血液制品制备过程中无菌操作是否达标。
- ☑ 可通过定期检测冷沉淀中凝血因子Ⅷ和纤维蛋白原的活性，来检验血液制品制备方法是否达标。
- ☑ 回顾所有输血反应，是否经常发生某种不良输血反应。
- ☑ 回顾是否发生过与血液制品相关的意外事件，如血袋破裂或连接处污染。
- ☑ 回顾仪器设备检查和温度检查，包括冰箱、冷库、水浴和血液加温器的温度。
- ☑ 其他质控指标可根据具体需要另行设置。

档案

- ☑ 档案提供了一种与人沟通的方法，其信息包括观察结果和相关建议。本章会讨论几种不同形式的档案，可用于动物血库或输血中心。内容涉及档案记录、保存和存档工作指南。此外，还应咨询并遵守联邦、州和地方法律法规及指南。

一份优质档案应包含哪些特征？

- ☑ 档案记录应有逻辑性，并且能保证准确性。
- ☑ 包含档案记录时间及记录人签名。
- ☑ 档案要有意义、完整，且能详尽地表达必要信息。
- ☑ 档案应为永久性的。

对于血库及输血中心，一般应采用纸质档案或电子档案。上述特征同时适用于纸质或电子档案。另外，电子档案还应注意以下情况：

- ☑ 应确认电子档案的准确性。
- ☑ 系统和数据应定期备份。
- ☑ 数据应受保护，避免未经授权使用或被意外修改。

血库特殊档案

- ☑ 血库或输血中心应维护有关供血动物以及受血动物的相关信息。
  - ☞ 供血动物在供血时的健康状态相关信息可能会被遗忘或丢失，因此，未及时维护供血动物相关数据可能会影响血液供应。
- ☑ 以下是档案维护指南。

供血动物档案

供血动物档案应包括：

- ☑ 初始筛查结果：体格检查结果、实验室检查结果、免疫状态、心丝虫预防/治疗药物。
- ☑ 动物主人签名的知情同意书。
- ☑ 每次供血前的体格检查结果。
- ☑ 年度体检结果：体格检查结果、实验室检查结果、免疫状态、心丝虫预防/治疗药物。
- ☑ 必要时应包含上述任何记录档案。

血库检测中心相关档案

血库可提供除供血检查以外的实验室检查项目。血库检测中心应留存的文件如下：

- ☑ 血液储存冰柜及冷冻柜温度记录表。
- ☑ 设备维护保养记录。
- ☑ 试剂供应商。
- ☑ 试剂质控记录。
- ☑ 血样质控记录。
- ☑ 血型及交叉配血试验结果。
- ☑ 输血记录。

☑ 对于全血或成分血液制品，供血动物日志还应包含采血日期、样本类型、最终体积、有效期、制备者 ID 以及单位血液制品的最终处置方法。

☑ 如果血液制品通过其他外界途径获取，日志还应包括以下方面：

- 信息主要包括血液制品来源（生产商）、血液制品到货日期、血液制品名称、类型和失效日期。

档案保存：多长时间？

☑ 谨记：处于法律目的或调查需要，档案记录会保存一段时间。需要咨询并遵守联邦、州和地方性法律法规及指南。如果没有相关指南，实验室档案至少应保存两年，医疗档案则永久留存。

库存管理

☑ 血液制品库存管理困难，原因在于血液制品的使用不可预估，且用量不稳定。血液制品是一种珍贵的商品，应尽一切努力将血液制品进行有效利用。为血液制品设计管理方案，有利于这种珍贵资源及时有效地利用。

☑ 首先，制定合适的血液制品单位库存。需要分析每一种入库血液制品所需库存量。若需要特殊血型的血液制品，每种血型均需分别进行分析。

- 每 6 个月进行一次血液制品使用情况数据统计。
- 不需考虑任何异常的高频使用情况。
- 统计单位血的总体使用量。
- 将统计到的数量除以总周数，得出每周消耗量。

这样分析得出的数据就是血液制品每周的最优库存量。

☑ 在决定血液制品合适库存量的时候，其他因素也要考虑在内。

- 兽医诊所的病例量：大量病例意味着需要大量血液制品。另外，还要考虑流行病与意外事故的发生率。
- 动物医院的服务范围。服务范围越大，需要输血的病例越多。
- 患病动物的平均体重。动物医院服务范围内以哪种体型的犬为主？大型犬比小型犬的血液需求量大。
- 血液制品的有效期：使用哪种抗凝保护剂体系？如果血液制品来源于血液供应商，平均有效期是多长？
- 兽医临床提供的服务种类。急诊医院比常规诊所需求量大。

☑ 制定血液制品的相关内部制度也有利于库存管理。这些制度应传达给每一位可能参与使用血液制品的员工。

☑ 优先使用库存最久的血液制品：整理冷藏柜，确保库存最久的血液制品能方便取出，优先使用。

☑ 制定订购指南。确保每一位临床医师了解，一旦发出输血指令，血液制品会被立即复温，并且必须使用。

☑ 设立血液制品分配指南：在指定时间内确定病患所需血液制品的总量。

根据临床状态，最好每个病例每次只对一个单位血液制品进行复温。

如果遇到一只猫需要输全血，但是没有库存，怎么办？

☑ 计算所需供血动物的数量。

☑ 使用上述公式计算合适的库存量。
- 除了"其他因素"列表中的内容，还要考虑某一特定供血动物可能需要采血的频率。
- 计算得出的数值能够评估供血项目中所需供血猫的数量。

小动物输血疗法

第 5 章
输血流程

主要内容

- 交叉配血
- 细胞悬浮液的清洗
- 反应分级
- 生理盐水稀释试验
- 全血、红细胞的复温,新鲜冷冻血浆、冷沉淀及去冷沉淀血浆的解冻
- 离心机校准

交叉配血

原则

☑ 主侧和次侧交叉配血有助于提供适合受血动物的红细胞制品,降低输血反应的发生率。

☑ 主侧交叉配血用于检测受血动物血清中是否存在凝集或溶解供血动物红细胞的抗体。

☑ 反之,次侧交叉配血用于检测供血动物血浆中针对受血动物红细胞的抗体。

☑ 自体凝集对照试验可检测自身抗体。

设备

生理盐水

12mm × 75mm 检测管

离心机(图 5-1)

显微镜

凝集反应观察器(图 5-2)或通光孔(well lit area)

37℃加热器(图 5-3)

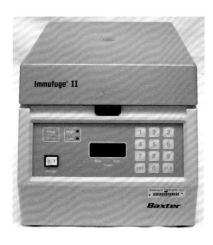

图 5-1　Immufuge 离心机

输血流程 5

图 5-2 凝集反应观察器
（由 Fisher Scientific 授权供图）

图 5-3 37℃加热器

步骤

1. 准备供血和受血动物血样。

   供血动物红细胞和血浆（或血清）：

   如果使用的是储存全血或红细胞制品：

   供血样本采集自血袋上的某段导管。将该节段从血袋上分离并剪开，并用 12mm × 75mm 的检测管吸取血样，离心后分离上层血浆和下层血细胞（图 5-4）。

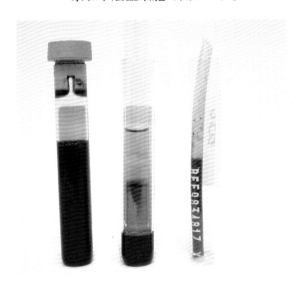

图 5-4 供血动物红细胞

   如果使用供血动物的新鲜血液样本：

   使用一支 5mL 红头 Vacutainer^{TM} 管和 5mL EDTA 管，以便血量足够用于配血试验。将红头管内的血样进行离心，分离血清。红细胞可从红头管的血凝块或 EDTA 血样中获取。

   受血动物红细胞和血清：

   从受血动物体内直接采血：使用一支 5mL 红头 Vacutainer^{TM} 管和 5mL EDTA 管，以便血量足够用于配血试验。将红头管内的血样进行离心，分离血清。红细胞可从红头管的血凝块或 EDTA 血样中获取。

2. 制备 3%~5% 供血和受血动物红细胞悬浮液（参见 78 页"细胞悬浮液的洗涤"）。

3. 主侧交叉配血试验。

    对于每一个供血动物，都要在 12mm × 75mm 检测管上标明动物名字和"主侧交叉配血"。加入两滴受血动物血清和一滴适宜浓度的供血动物红细胞悬液。

4. 次侧交叉配血试验。

    对于每一个供血动物，都要在检测管上标明动物名字和"次侧交叉配血"。加入两滴供血动物血清和一滴适宜浓度的受血动物红细胞悬液。

5. 自体凝集对照试验。

    对于受血动物和每一个供血动物，都要在检测管上标注"AC"和受血动物名字或供血动物编号。每个样本中加入两滴血清和一滴相应的细胞悬液。

总结：

试验名称	血清/血浆	细胞
主侧交叉配血	受血动物	供血动物
次侧交叉配血	供血动物	受血动物
受血动物自体凝集对照实验	受血动物	受血动物
供血动物自体凝集对照实验	供血动物	供血动物

6. 所有的测试管都需要混匀，并在 37℃（或该物种特定体温）条件下放置至少 15 分钟。

7. 用生理盐水配平后离心（参见 86 页"离心机校准"）。

8. 肉眼观察。反应级别根据"反应分级"指南判读（79 页）。显微镜观察确认所有阴性反应。

9. 记录结果。

判读

- 主侧和次侧交叉配血阴性结果提示血型相配。
- 阳性结果提示血型不相配。
- 自体凝集对照阳性结果应该予以重视。出现这种结果的动物不能供血。

细胞悬浮液的清洗

原则

用作配血试验的红细胞样本应清洗至无潜在污染物残留，避免影响试验结果。

试剂

生理盐水

设备

12mm × 75mm 测试管

塑料转移吸管

离心机

步骤

1. 在 12mm × 75mm 测试管上标注适当信息。
2. 用吸管将大约 250μL 红细胞转移至标注好的测试管中。

    红细胞应从以下方式获取：

    供血动物 EDTA 血样

Vacutainer™ 红头管凝血块中供血动物的红细胞或储存血袋采血管节段中的红细胞。

3. 往管中继续加入约 4mL 生理盐水并混匀，制成均匀的细胞悬浮液。
4. 以清洗模式离心。
5. 倾倒或吸出上层盐水。
6. 重复步骤 3~5 三次，至上层液体无色澄清（图 5-5）。
7. 往清洗完毕的细胞中重新加入约 3mL 生理盐水，制成浓度为 3%~5% 的细胞悬浮液。

图 5-5 上层生理盐水清洗至无色澄清

反应分级

原则

任何血库检测流程中的红细胞凝集和/或溶血反应分级都是非常容易通过观察区分开的，是显而易见的。以下流程将对反应分级体系进行简单概述。

材料

待观察的已离心测试样本

凝集观察器或通光孔（well lit area）

步骤

1. 从离心机中轻轻地取出样本。不能晃动管底的细胞。
2. 通过观察上清液中是否存在游离血红蛋白评估样本溶血状态。
3. 手持试管轻轻晃动（应采取摇动或上下颠倒的方式使上清液与细胞混合，动作必须轻柔），使管底的细胞悬浮起来，然后通过凝集观察器观察结果。
4. 观察红细胞悬浮方式。
5. 反应分级标准：

    4+ 一团紧密的细胞

    3+ 数个大型细胞团块

    2+ 大凝集块和小细胞团块

    1+ 很多小细胞团块和游离红细胞背景

    +/– 眼可见弱凝集细胞团块。显微镜下可见很多细胞凝集

    +/– 无肉眼可见凝集细胞团块。显微镜下少量细胞凝集

    H 溶血

    O 阴性。肉眼及显微镜观察未见凝集

请参考图 5-6。

判读

观察到任何凝集和/或溶血都提示阳性反应。若出现缗钱样细胞，可参考 82 页"生理盐水稀释试验"进行确认。

输血流程 5

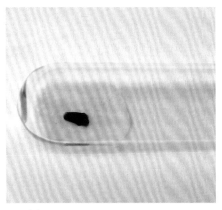

4+ 反应

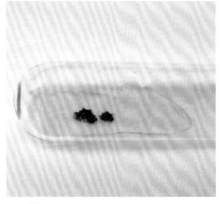

3+ 反应

2+ 反应

1+ 反应

溶血

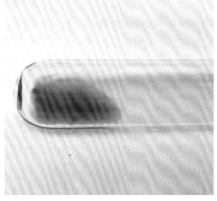

阴性

图 5-6　分级反应指南

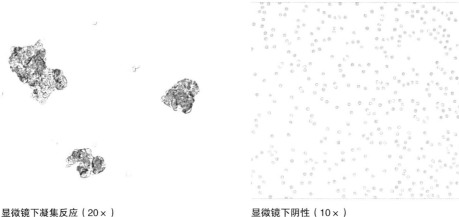

显微镜下凝集反应（20×）　　　　显微镜下阴性（10×）

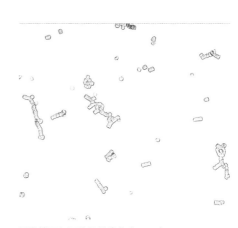

显微镜下红细胞呈缗钱状（20×）

图 5-6（续）　分级反应指南

生理盐水稀释试验

原则

在显微镜下观察到的缗钱样细胞如"堆砌的硬币"。添加生理盐水后，缗钱样细胞会分散开，而真正的凝集块不会消失。因此，在配血试验中，缗钱样细胞团应判定为阴性反应。以下流程用于区分缗钱样细胞和真正的细胞凝集。

材料

生理盐水
显微镜
吸管
显微镜玻片

步骤

1. 怀疑是缗钱样细胞，将样本重新离心。弃去血清／血浆（图 5-7）。
2. 往管底细胞层中添加两滴生理盐水。轻轻晃动直至细胞分散开来。
3. 重新离心。
4. 晃动试管使底部细胞悬浮。进行分级评估。如果肉眼无可见凝集，转到显微镜下观察。
5. 记录结果。

判读

- 真正的缗钱样细胞会在添加生理盐水后分散开，这种不视为凝集。
    - ✓ 缗钱样细胞常见于猫和高蛋白血症病例。

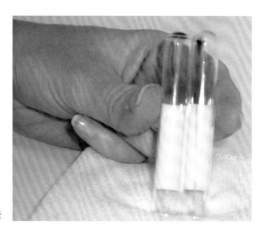

图 5-7　生理盐水稀释试验中血清／血浆倾倒方法

全血、红细胞的复温，新鲜冷冻血浆、冷沉淀及去冷沉淀血浆的解冻

- ☑ 低温血液制品快速输注可能会导致受血动物出现不良反应。因此，全血和红细胞制品应在输血前进行加温。冷冻的血液制品应在输血前解冻并复温。
- ☑ 干式加热器、对流换热单元或循环水浴均可用于血液制品的加温。
    - ◆ 这些设备不能用于红细胞加温，否则会导致溶血或致血浆制品温度过高，造成血浆蛋白失活。
    - ☑ 使用可视温度计或自动报警温度计监测设备温度。
- ☑ 市场上有血浆解冻专用微波炉。但这些设备不能用于红细胞制品。
- ☑ 水浴法是血液加温和血浆解冻的常用方法。应使用循环水浴使水浴池温度均匀升高。
    - ☑ 水浴温度不应超过37℃（或动物品种"正常"体温范围）。
        - ☑ 为了避免出现温度误差，最好将水浴温度设定至略低于最佳温度处，便于进行缓冲。
    - ☑ 水浴环境应保持洁净无菌。
        - ☑ 血液制品应放置在拉链式密封塑料袋中，避免血袋的任何一处封口处接触到水中可能存在的细菌污染。
        - ☑ 如果不使用塑料袋，血袋封口处应位于水面以上，避免污染。可以使用干净的编织针或肉扦（烧烤钎）穿过血袋封口上方的开口，将血袋封口架起来（图5-8）。
        - ☑ 确保血液制品没有与机械循环器接触，避免血液制品被卷入循环器而导致损坏。
- ☑ 不要将任何血液制品放置于室温环境中逐渐复温或解冻。
    - ◆ 切记，血液制品是细菌繁殖的温床，复温、解冻和输血过程都应尽快进行。

☑ 血细胞制品应在加温后 15~20 分钟内进行输注。100~250mL 的血浆会在 30~45 分钟内解冻，解冻后应立即进行输注。冷上清在 30~37°C 环境中暴露时间不应超过 15 分钟（避免凝血因子Ⅷ降解），复温后应立即进行输注。

☑ 血液制品输注前，应进行肉眼观察。血细胞制品的任何凝集、颜色变化（暗紫色或黑色）或溶血都提示细菌污染。

图 5-8 单位血复温。血袋封口处应避免细菌污染。使用拉链式密封塑料袋或保持封口处在水平面以上均能很好地避免污染

离心机校准

在血库中，离心机用来制备成分血和配血试验；离心速度和时间是两项关键考虑因素。

- 制备成分血液制品的离心速度为特定的，可通过已知离心力或 RCF（相对离心力）确定。
  - 离心速度取决于不同转子和生产厂家。
  - Immunofuge® 离心机广泛用于配血试验；使用该品牌的离心机进行配血试验时，离心时间是通用的。
- 用于制备成分血液制品或配血试验的离心机应在使用前进行评估，保证质量达到相关标准。
- 下面将简要介绍用于成分血液制品制备和血清学试验所需的离心机校准流程。一旦确认离心时间，离心机应在每年维修或调节后校准，然后投入使用。

离心机校准和成分血制备

- 成分血液制品由全血制备而成；制备过程需使用离心机。
- 离心时间和离心速度取决于需要制备的成分血类型。
  - 制备血细胞制品需要在高离心力（5 000g）条件下离心 5 分钟。
  - 制备富血小板血浆需要在低离心力（2 000g）条件下离心 3 分钟。
- 给出的离心时间包含加速时间，但不包含降速时间。
- 相对离心力（以 g 为单位）使用以下公式进行计算：
  $RCF（g）= 28.38 \times 离心转子半径（英尺①）\times （rpm/1\,000）^2$
- 在成分血液制品质控工作中，可得到高离心力离心机的离心时间。
  - 红细胞制品的离心时间应根据单位血的最终红细胞容积评估出来。
  - 冷沉淀应在保证纤维蛋白原和凝血因子Ⅷ活性的前提下进行评估。
  - 离心时间可以通过以上试验结果进行适当调整。

---

① 1 英尺 ≈ 0.305m

- 每分钟转动次数（rpm）可用转速计测定。

配血试验的离心校准

- 用于血清学试验的离心机校准，目的是为了确保离心时间不会导致假阳性或假阴性结果。以下程序应该用于已进行校准的新离心机或已进行年检、维修或调节并进行校准的离心机。
- 请注意，应对红细胞运动进行评估，而不是反应强度。

生理盐水配平

在配血试验中，悬浮在生理盐水中的红细胞所需要的离心时间取决于在此介质中红细胞的活动性。以下步骤概述了生理盐水配平时间。

所需材料

可产生 1+ 反应的血清

两滴 3%~5% 红细胞样本

  "阳性"——红细胞会与上述血清样本反应

  "阴性"——红细胞不会与上述血清样本反应

12mm×75mm 测试管

吸管

凝集反应观察器或通光孔

离心机

步骤

1. 在架子上放置 10 个 12mm×75mm 测试管。每个管内各加入两滴血清。
2. 在其中 5 个管内各加入一滴"阴性"红细胞。
3. 在另外 5 个管内各加入一滴"阳性"红细胞。
4. 得到 5 组测试管，每组包含一个阴性和一个阳性样本。

第1组离心10s，第2组离心15s，第2组离心20s，第四组离心30s，第五组离心40s。使用与表5-1所示类似的工作表格进行结果记录。

表5-1 血清离心校准工作

盐水离心时间					
时间（s）	上清液是否澄清？	细胞出现明显分层？	细胞容易再次悬浮？	阳性结果确认？	阴性结果确认？
10					
15					
20					
30					
40					

清洗离心细胞时间		
时间（s）	上清液澄清？	细胞出现明显分层？
30		
45		
60		
90		
120		

判读

离心时间应用于符合以下条件的最短盐水配平离心时间（由American Association of Blood Banks 提供）

1. 阳性测试管为1+阳性。
2. 阴性测试管为阴性。
3. 管底细胞明显与上清液分离。
4. 上清液澄清。
5. 管底细胞易于重悬。

注意：如果在交叉配血试验中使用了添加剂（如白蛋白或低离子强度盐溶液），离心时间应做适当调整。这一过程应制定单独的流程，和盐水配平离心试验区分开来；还应建立如上所述五组样本试验。每组测试管中应在适当的时机加入相应的添加剂，然后评估离心时间。

清洗离心

用于配血试验的红细胞应进行清洗，去除潜在可能影响试验结果的物质。可通过下列流程建立清洗离心的时间。

所需的材料

　　正常红细胞压积的 EDTA 血样
　　生理盐水
　　12mm×75mm 测试管
　　吸管
　　凝集反应观察器或通光孔
　　离心机

步骤

1. 在架子上放置 5 个 12mm×75mm 测试管。
2. 在每一个测试管中至少加入 250μL 的 EDTA 血液样本。
3. 在每一个测试管中添加约 4mL 生理盐水并混匀。
4. 一个测试管离心 30s（注意配平！），一个测试管离心 45s，一个测试管离心 60s，一个测试管离心 90s，一个测试管离心 120s。用与表 5-1 所示类似的工作表格进行结果记录。

注意

离心时间应用于符合以下条件的最短清洗离心时间。

1. 上清液澄清。
2. 管底细胞与上清液分界明显。
3. 红细胞紧贴在管底。

结果

离心时间应公开张贴，时间包含在试验流程中，以确保试验条件一致。

附录 1　采血袋生产商

犬

Baxter Fenwal

1627 Lake Cook Road

Deerfield, IL 60015

Telephone: (800) 766-1077

http://www.baxterfenwal.com

Terumo Medical Corporation

2101 Cottontail Lane

Somerset, NJ 08873

Telephone: (800) 283-7866

http://www.terumomedical.com

Haemonetics Corporation

400 Wood Road

Braintree, MA 02184-9114

Telephone: (781) 848-7100

http://www.haemonetics.com

猫

Animal Blood Bank

P.O.Box 118

Dixon, CA 65620

Telephone: (800) 243-5759

http://www.animalbloodbank.com

附录 2　兽医血库组织

Animal Blood Bank

P.O.Box 118

Dixon, CA 65620

Telephone: (800) 243–5759

http://www.animalbloodbank.com

Eastern Veterinary Blood Bank

808 Bestgate Road

Suite 111

Annapolis, MD 21401

Telephone: 800–949–EVBB

http://www.evbb.com

Hemopet Blood Bank

11330 Markon Drive

Garden Grove, CA 92841 USA

Phone: 714–891–2022

http://www.hemopet.com

索 引

A

ABO compatibility	ABO 血液相配	46
AB mis-matched transfusions	AB 血型不相配	56
Additives	添加剂	17
Agglutination viewer	凝集反应观察器	74
Albumin	白蛋白	48
Allergic reaction	过敏反应	55,57,58
Alloimmunization	同种异体免疫	61
Aluminum sealing clip	铝质封口夹	11
Antibody formation	抗体形成	61
Antibody Screening cells	抗体筛查细胞	46,47
Anticoagulant-citrate-dextrose (ACD)	抗凝剂枸橼酸葡萄糖	17,19
Anticoagulant-preservatives	抗凝保护剂	16-17
Anticoagulants	抗凝剂	16-17
Auto control	自体凝集对照试验	77
Autoantibodies	自身抗体	74

B

Balancing devices	平衡装置	30
Biochemical profile	生化检查	7
Biohazards	生物危害	65
Biosafety	生物安全	65,67,69,71
Blood administration sets	输血器	54-55
Blood bag	血袋	23,27,31,40
Blood bank organization	血库组织	92
Blood banks	血库	66-69
Blood cells	血细胞	48
Blood collection	采血	10-12,39
Blood collection bags	采血袋	10-11
Blood collection systems	血液采集系统	18-21,26-28
Blood components	血液成分	31
Blood donor programs	供血项目	4-5
Blood donors	供血动物	5-10,77
Blood draw volume	采血量	27
Blood products	血液制品	16-18,21-26,33-35,41-43,50-67
Blood products scale	血液制品称量	13
Blood separation	血浆分离	13
Blood storage	血液储存	14,33-35
Blood substitutes	血液替代品	51-53
Blood transfusion	输血	47-50,55-61
Blood types	血型	46-47
Blood volume	血容量	48
Blood warming	血液加温	84

C

Calcium	钙	19
Canine blood donors	供血犬	5-8
Canine Blood groups	犬血型	7,8
Cell suspension	细胞悬浮液	79
Centrifugation	离心	31
Centrifuge	离心机	74
Chemical plan	化学品（安全）方案	64-65
Circulatory overload	循环超负荷	58
Citrate	枸橼酸盐（柠檬酸盐）	16-17
Citrate-phosphate-dextrose-adenine (CPDA1)	枸橼酸磷酸葡萄糖腺嘌呤	16-17
Citrate-phosphate-dextrose (CPD)	枸橼酸磷酸葡萄糖	16-17
Citrate-phosphate-double-dextrose (CP2D)	枸橼酸磷酸二聚糖	16-17
Clotting factor deficiencies	凝血因子缺乏症	24

Colloid oncotic pressure (COP)	胶体渗透压	49
Colloids	胶体	49
Communication	沟通	4
Compatibility testing	配血试验	86
Component preparation	成分血制品的制备	86
Component separation	成分分离	37–38
Countercurrent heat exchange	对流换热单元	84
Crossmatch	交叉配血	46–47,74–76
Cryo-poor plasma	冷上清	25
Cryoprecipitate	冷沉淀	36,67,84
Cryoprecipitate-poor plasma	去冷沉淀血浆	22,25,35,36,84
Cryoprecipitated antihemophilic factor	抗血友病因子冷沉淀	22,25,35–36

D

Delayed hemolytic reaction	迟发型溶血反应	60
Dextrose	葡萄糖	53
Disseminated intravascular coagulation (DIC)	弥散性血管内凝血	57
Dog Erythrocyte Antigen (DEA)	犬红细胞抗原	7,8
Donor records	供血动物档案	68
Donor red blood cells	供血动物红细胞	76
Dry heat devices	干式加热器	84

E

Electric Heat Sealers	电热封口机	11
Electrolyte disturbances	电解质紊乱	59
Epinephrine	肾上腺素	58
Equipment	设备	65,67,84–85
Ergonomic workstations	符合人体力学的工作站	65
Erythropoietin	促红细胞生成素	49
Eye Wash Station	眼睛清洗工作站	65

F

Factor VIII	凝血因子Ⅷ	67
Febrile reactions	发热反应	55,57
Fees	费用	5
Feline blood donors	供血猫	6,9
Feline blood groups	猫血型	9
Feline whole blood	猫全血	55
Freezer	冷冻箱	14
Frequently Asked Questions brochure	常见问题的小册子	4
Fresh frozen plasma	新鲜冷冻血浆	24,22,29–30,35–36,84–85
Fresh whole blood	新鲜全血	22–23,29
Frozen plasma	冷冻血浆	14,34,42

G

Glass bottles	玻璃瓶	19
Graft vs. Host reaction	移植物抗宿主反应	60
Gravity Drip	重力滴注型输血器	54

H

Hand sealer	手动封口器	11,12
Hazardous materials	有害物质	65
Heat block	加热器	76
Heat seal	热封口	27
Hematocrit	红细胞比容	49–50
Hematron Seal Rite	Hematron 封口机	12
Hemogram profile	血液学检查	6–7
Hemolysis	溶血	57
Hemolytic reactions	溶血反应	56–57,60,70

Heparin	肝素	19
Hetastarch	羟乙基淀粉	52–53
Hypocalcemia	低钙血症	59
Hypothermia	体温过低	58

I

Immunoglobulins	免疫球蛋白	24
Immunosuppressive therapy	免疫抑制疗法	61
Infection	感染	61
Infectious diseases	传染病	6
Intravascular volume maintenance	维持血管内血容量	49
Intravenous solutions	静脉输入的溶液	53
Inventory management	库存管理	69–71

K

Kinetics	动力学	48

L

Laboratory	实验室	64–65,69
Laboratory evaluation	实验室评估	6–9
Lactated ringer's solution	乳酸林格氏液	53

M

Major crossmatch	主侧交叉配血	46,77,78
Material Safety Data Sheets (MSDS)	化学品安全数据表	64,65
Minor crossmatch	次侧交叉配血	77,78
Minor crossmatch test	次侧交叉配血试验	46–47

N

Nutricel (AS–3)	一种血液添加剂商品名	20

O

Optisol (AS–5)	一种血液添加剂商品名	17,20
Owner	动物主人	4–5
Oxygen transport	携氧能力	49–50
Oxyglobin Solution	一种血红蛋白载氧溶液	52

P

Packaging procedures	包装程序	43
Pached cells	浓缩红细胞	22,23–24,50
Phlebotomy	静脉采血	10–14
Phlebotomy line	静脉采血管	27–28
Plasma	血浆	24–25
Plasma expanders	血浆扩容剂	52,53
Plasma extractor	血浆分离器	13,31,37
Plasma products	血浆制品	24–26
Plasma separation	分离血浆	31
Plasma substitutes	血浆替代品	52–53
Platelet concentrates	血小板浓度	25–26
Platelet rich plasma	富血小板血浆	25
Polymerized stroma–free	高聚无基质	51
Post–transfusion purpura	输血后紫癜	60
Pre–processing guidelines	预处理原则	27
Preservatives	防腐剂	16–17
Product log	血液制品记录	35

Q

Quality assurance	质量保证	65–67
Quality assurance team	质保团队	66
Quality indicators	质控指标	66–67

R

Reaction grading	反应分级	79–82
Reagents	试剂	78
Records	记录	67
Red blood cell products	红细胞制品	22–24
Red blood cell substitutes	红细胞替代品	51
Red blood cells	红细胞	23–24
Red cell antigens	红细胞抗原	47
Red cell transfusion	输注红细胞	49
Refrigeration	冷冻	16,33–35
Refrigerator	冰箱	14
Rh system	Rh 血型系统	46
Pouleaux	缗钱样细胞	83,84

S

Safety plan	安全方案	64–65
Saline replacement procedure	生理盐水稀释实验	83–84
Saline spin	生理盐水配平	77
Saline wash supernatant	生理盐水清洗	79
Satellite bags	卫星袋	27,31–32,37–38
Scale	天平	13
Serologic centrifuge calibration worksheet	血清学离心校准工作表	88
Serum/plasma	血清/血浆	83
Shelf life	储存期限	18
Shipment	运输	42–43
Short draw	采血量不足	39
Sodium chloride injection	氯化钠注射液	53
Sodium cirtrate	枸橼酸钠（柠檬酸钠）	19
Storage	库存	38,69
Suppliers	供应	40–41
Syringe Push	注射器助推	54–55

T

Temperature monitoring devices	温度监控设备	41
Tissue hypoxia	组织缺氧	49
Transfusion reactions allergic	输血过敏反应	55,57–58
Transfusion records	输血记录	69
Transfusion service	输血服务	66
Transport containers	运输容器	43
Tube stripper	医用压管钳	11,12

V

Vacuum chamber	真空袋	11
Veterinary blood bank	动物血库	21,29,40,67,92
Vitamin K dependent factors	维生素 K 依赖因子	24
Volume expanders	扩容剂	52,53

W

Wash spin	清洗离心	88,89
Water bath	水浴	67,84
Whole blood	全血	11,13,22,29–32,46–55,84–85
Washed cell suspension	细胞悬浮液的清洗	78